当宝宝哭的时候

教你读懂婴儿的需求并科学地抚慰他

[意] 妮席娅·拉尼亚多 ◎ 著　杨苏华 ◎ 译

U0336689

北京理工大学出版社
BEIJING INSTITUTE OF TECHNOLOGY PRESS

版权专有　侵权必究

图书在版编目 (CIP) 数据

当宝宝哭的时候: 教你读懂婴儿的需求并科学地抚慰他 / (意) 妮席娅·拉尼亚多
著; 杨苏华译. —北京: 北京理工大学出版社, 2019.10

（关键期关键帮助系列）

ISBN　978-7-5682-7471-5

Ⅰ.①当…　Ⅱ.①妮…　②杨…　Ⅲ.①婴幼儿—哺育—基本知识　Ⅳ.① TS976.31

中国版本图书馆 CIP 数据核字 (2019) 第 178053 号

北京市版权局著作权合同登记号 图字 01–2019–4699

© Il Castello S.r.l., Milano 71/73 12-20010 Cornaredo (Milano), Italia plus date of first
publication and the title of the Work in Italian

The simplified Chinese translation rights arranged through Rightol Media （本书中文
简体版权经由锐拓传媒取得 Email:copyright@rightol.com）

出版发行 / 北京理工大学出版社有限责任公司
社　　　址 / 北京市海淀区中关村南大街 5 号
邮　　　编 / 100081
电　　　话 / （010）68914775（总编室）
　　　　　　（010）82562903（教材售后服务热线）
　　　　　　（010）68948351（其他图书服务热线）
网　　　址 / http://www.bitpress.com.cn
经　　　销 / 全国各地新华书店
印　　　刷 / 三河市华骏印务包装有限公司
开　　　本 / 880 毫米 × 1230 毫米　1/32
印　　　张 / 5　　　　　　　　　　　　　　　　　责任编辑 / 李慧智
字　　　数 / 100 千字　　　　　　　　　　　　　文案编辑 / 李慧智
版　　　次 / 2019 年 10 月第 1 版　　2019 年 10 月第 1 次印刷　　责任校对 / 周瑞红
定　　　价 / 39.80 元　　　　　　　　　　　　　责任印制 / 施胜娟

图书出现印装质量问题，请拨打售后服务热线，本社负责调换

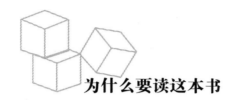

为什么要读这本书

虽然婴儿还不会说话，但我们能明白他想表达什么

"我们也都曾经是小婴儿，但我们谁都不记得当时的情景了。因此，婴儿的世界对我们来说总是神秘而难以理解的、完全无法预料的。"多年前伟大的儿科专家马切洛·贝尔纳迪（Marcello Bernardi，1922—2001）曾这样写道。

如今，很多事情都跟以前不一样了。以前我们开玩笑地说真想钻到宝宝的脑子里看看他们在想什么，如今借助新发明的高科技科学研究工具，研究人员真的可以"进入"婴儿的头脑中，"读懂"他们的情绪了。或许我们从来没有停下来仔细研究过婴儿的各种表现分别有什么含义，实际上他们确实有一套明确的、富有表现力的肢体语言：婴儿会看着我们，微笑，啼哭，大笑，会通过摇头表示

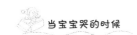
厌恶或爱慕，感到很兴奋的时候会舞动小手，小脚丫也会跟着摇摆，他们还会做鬼脸或发出哼哼唧唧的声音，表达自己的快乐或不满。

最神奇的是，婴儿的很多肢体语言其实都是从我们这里学到的，这一点或许连我们自己都没有意识到。

法国心理学家、心理教育学家勒内·扎佐（René Zazzo）曾做过一项研究，并于 1957 年将研究结果发表在了最著名的儿童心理学杂志之一 *Enfance* 上。勒内告诉我们，在出生 25 天后，婴儿就能模仿父母复杂的表情了，比如吐舌头、皱眉、嘟嘴。

但是也有些学者不同意笼统地下结论说婴儿所有的行为都是模仿而来的，因为有些动作的确是通过模仿父母学会的，然而也有一些是天生就会的，比如呼吸或打喷嚏。

回答的艺术

但是有一点是确定的，通过各种表情和啼哭，婴儿是在跟我们交流，而且有时他们还会发明出新的交流方式。

如果我们能试着理解宝宝的语言并回应他们，我们很快就会发现其实我们是能和宝宝交流的，而且可以聊上很长时间呢。

博洛尼亚大学教育学教授皮埃罗·贝尔托尼（Piero Bertolini）解释说："新生儿其实具有非常多的能力，一方面是交流的能力，包括表达能力；另一方面则是认知能力。但是这些能力经常得不到大人的认可，孩子只能单向地向我们传达信息，没有形成有效的交流。我们做不到每次都耐心地等孩子用他的方式回答我们，也做不到每次都根据孩子的交流方式来调整我们的表达方式。"

当宝宝啼哭、微笑、做出各种动作和表情时，如果我们能做出"回答"，就会让宝宝觉得他做出的这些行为是有点用的，他成功地发起了对话，感觉自己是主角；同时，我们的回答还能增强孩子的自信心以及孩子对他人的信心，因为这让他感到自己尝试跟外界交流的努力没有白费。

但是我们该怎么跟不会说话的婴儿对话呢？小宝宝每次哭喊我们总觉得恼火，我们如何才能弄明白他们通过哭喊想要表达的意思呢？

这本书的目的正是提供一些有效的方法，帮助所有爱孩子的父母跨越语言的障碍，看懂孩子想要表达的意思。

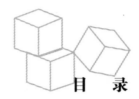

目　录

第一章

高要求的宝宝 / 1

 1. 我的宝宝真是个"麻烦小孩"吗 /5

 2. 面对"麻烦小孩"，换种说话，换个角度 /6

 3. 高要求的孩子生活得更有激情 /8

 4. 更多关注孩子的积极面 /10

第二章

哭是孩子的语言 / 13

 1. 宝宝为什么哭 /17

 2. 用孩子的眼光看世界 /24

 3. 宝宝哭说明他不开心吗 /27

第三章

啼哭的时间和种类 / 31

    1. 为什么无法忍受孩子哭闹 /34

    2. 宝宝的哭跟大人的哭是不一样的 /36

    3. 如何分辨孩子不同种类的哭声 /37

第四章

学会接纳孩子的哭 / 45

    1. 为什么孩子一哭，我们就抓狂 /48

    2. 孩子哭，我们该怎么做 /50

    3. 阻止孩子哭泣，会错失亲子沟通的机会 /52

    4. 如何应对宝宝的啼哭 /54

第五章

不"会"睡觉的宝宝 / 59

    1. 婴儿的睡眠与成人不同 /64

    2. 如何重新哄孩子入睡 /65

第六章

夜间肠绞痛：一种肠道反应 / 69

    1. 导致肠绞痛的原因 /73

    2. 哪些姿势可以缓解宝宝的痛苦 /76

第七章

跟宝宝建立亲密的关系 / 79

1. 身体接触：宝宝背带的重要作用 /82

2. "袋鼠保育法" /88

3. 宝宝想要找回自己的"巢穴" /90

4. 音乐：令人放松的魔法 /92

5. 按摩：像春风一样温柔的爱抚 /95

第八章

分离焦虑 / 99

1. 哭是因为爱 /102

2. 家长的哪些做法会加重孩子的焦虑 /105

3. 面对分离，如何让孩子安心 /108

4. 由分离恐惧引起的其他早期恐惧 /115

第九章

当哭变成了笑 / 119

1. 分析婴儿不同的笑 /122

2. 当恐惧转变成笑声 /125

3. 为什么笑如此重要 /129

第十章

从肢体语言到说话 / 133

1. 用肢体动作进行对话 /136

2. 最早的听觉体验 /139

3. 家长如何助力宝宝从牙牙学语到说话 /141

参考书目 / 147

后记：爱的力量 / 149

第一章

高要求的宝宝

你抱着他轻轻摇晃，在走廊里走来走去，把他放在婴儿背袋里，给他唱摇篮曲（各种摇篮曲都唱遍了！），给他换种姿势（抱在胸前；背在背上；让他骑在你身上；抱在身体一侧；用婴儿背袋抱着他，让他贴近你的胸），为了不让他肚子着凉把热水袋放进长颈鹿毛绒抱枕里，晚上十二点他还不睡觉你也陪着他。什么办法都用遍了都没有用，他还是哭个不停。最后你累得睡着了，他却还在用小手摸你的脸。

　　　　　　　　　　　　　　　　　　（玛丽娜，菲利普的妈妈）

　　在里斯卡（Risca），327路公交车的司机强行将仙·惠尔普顿和她的双胞胎女儿和儿子（娜塔莉雅和凯）赶下了车，原因是"孩子的哭声让他根本没办法集中精力开车"……

　　　　　　　　　　　　（摘自《纽波特时报》2002年8月23日的报道）

你尝试了所有的方法，但一个管用的都没有。就像上面那个里斯卡的司机，小孩震耳欲聋的哭闹声把他气到发疯，简直控制不了自己的情绪。看着孩子一直哭，用各种方法都哄不好，即使是最温柔的人，也会感到崩溃。没办法让孩子停止啼哭是不是就证明你不是好父母呢？

这倒也未必。因为如果你有幸碰上了一个高要求的宝宝，那哄不好也是正常的，不是你的问题。

"我曾叫他'魔术贴宝宝'"

我是艾米利亚，今年 40 岁，有三个孩子。前两个孩子相对来说比较"容易"。然后彼得出生了，从那天起我的生活就被完全颠覆了。彼得不分白天晚上一直黏着我：我只要一想把他放下，他就大声尖叫，好像有人在虐待他一样。他的哭声根本不是请求，而是命令，没有商量的余地，如果我不理会他，他就会执着地继续哭，而且声音越来越大，直到满足了他的目的才肯罢休。只有我丈夫在的时候，我才能抽开身稍微休息一下，因为他从来不让其他人抱，奶奶、阿姨、保姆，谁都不行。

我那时给他取了个外号叫"魔术贴宝宝"，因为他就跟魔术贴一样，一旦粘上身，就再也拉不开了。亲朋好友给过我很多建议，我全都试过，但是一点用都没有，我心里想，为什么偏偏是我摊上了这样的孩子呢？直到有一天我从某个地方读了一篇文章，作者建议，遇到这样的孩子，就不要再试图把他"教育"得跟别的小孩一样了，相反要去接受他，理解他这样的性格。

从那以后，我抛弃了之前的观念，因为以前我总是以其他孩子的标准来要求他，我会觉得"不应该……""小孩是不能这样的……""为什么他就不能安静一会儿……"，意识到这样做对他不合适以后，我开始试着接受他的性格，然后情况就好多了。倒不是说彼得突然就变得温顺了，而是我的心态发生了变化，因此感觉顺应他的节奏跟他相处变得容易多了。彼得教给我的道理是，孩子并不是想要控制自己的父母，他们只是在努力跟父母交流。

1. 我的宝宝真是个"麻烦小孩"吗

美国精神病学专家斯坦利·特基（Stanley Turecki）调查过数百个有所谓的"麻烦小孩"的家庭，经过多年研究，他得出了一些令人宽慰的结论，让很多家长长舒了一口气。

• 像彼得一样的小孩是完全正常的：他们的大脑没有任何问题，情感方面也没有任何障碍，心理也很健康。

• 他们这些让人头疼的表现并不是父母的过错，这只是他们个人性格的问题。孩子的某些性格特征是天生的，这就跟瞳孔的颜色或鼻子的形状一样，是遗传因素决定的。但是这些特征也会在后天因素的影响下强化或弱化，比如生活环境，能否得到父母的理解，父母纠正孩子的时候能否采取恰当的方式以避免引起冲突和亲子关系的隔阂。

• 他们并不是"麻烦小孩"，只不过是要求比较高。不要把他们定义为"躁动的、亢奋的、难以满足的、神经质的、任性的、被宠坏的"小孩，让我们试着用一个褒义词来描述这样的性格特征。如今比较感性的儿科医生会把像彼得这样的小孩叫作"高要求"的小孩，而不是"躁动不安"的小孩。

• 孩子不是"故意"这样表现的。当我们感觉孩子是在故意惹我们生气时，就很难容忍。因为一想到被一个比我们年龄小得多的宝宝捉弄，我们就无法接受，这超出了任何人忍耐的限度。

儿科专家、亲子交流专家罗伯托·阿尔巴尼（Roberto Albani）解释道："事实上，年幼的儿童根本不可能故意去激怒我们，因为他们的大脑中还没有建立起这样的认知结构。""他们只能在本能的驱使下做出反应，目的是满足最基本的生存需求。但是我们成年人常常无法理解他们的需求，因为我们早就不记得在他们这个年纪时候的事了。"

2. 面对"麻烦小孩"，换种说话，换个角度

斯坦利·特基（Stanley Turecki）经过多年的科学研究和家庭调研所证实的这些结论，给我们提供了一个看问题的新角度，从这个新角度出发，我们也许就能比较平静地面对家里那个要求极高的宝宝了。我们既不需要过分自责自己没有教育好孩子，也不必感到过于焦虑。

这个新的角度也让我们比较容易接受孩子的"放肆"表现，甚

至还会有些欣赏这些行为。他们之所以有严苛的、令人窒息的要求，是因为他们内心追求精益求精。

"高要求"这个词并没有消极的意思。高要求的人，他们对事物的标准非常高，他们只喜欢最好的东西，不将就，不轻易感到满足。

高要求的孩子并不是神经质，而是有需求，需要被满足；他也不是"麻烦""难搞"，因为如果我们准确地理解了他的需求，他也会一下子变得乖巧可爱。他就是这样的，知道自己想要什么，并且可以达到自己的目标。这样的孩子也不是故意要脾气，只是如果我们没有办法倾听他的要求，理解不了他的意思，他就忍不住发火。

对于这样的宝宝，如果我们因为害怕惯坏他或被他控制而不理会他，那就可能会错失很多满足他内心需求的机会。高要求的孩子更敏感，反应更灵敏，直觉也更敏锐，因此他尤其需要我们的关注。

"我从事这个行业以来，"米兰的一位儿科专家说，"从来没有听到任何一位父母说后悔抱孩子抱得时间太久了。相反，很多父母都说，如果时光可以倒流，一定会给予孩子更多的爱抚。"

换种方式来定义孩子的行为，我们会发现我们看待孩子行为的态度也会随之改变。下面就是一些例子：

不要说	我们试试这样说
"他不想去睡觉。"	"他不困。" "他太累了，睡不着。"

不要说	我们试试这样说
"他太顽皮了……" "他不如哥哥听话……"	"我没明白他想要什么……" "他的个性很强。"
"他什么都不吃！"	"他吃不下东西……"
"他很任性。" "他总是哭个不停。"	"他知道自己想要什么。" "他想引起我们的关注。"

3. 高要求的孩子生活得更有激情

高要求的孩子无论做什么事都会投入更多的能量：他们叫喊的声音更响，笑起来更开怀，当他们的需求没有得到满足时，也会更强烈地抗议。总而言之，他们生活得更有激情。

每次我女儿饿了的时候，如果我没有第一时间领会到她向我传达的信号，她马上就会大哭大闹。

（玛尔塔，5个月的阿尔贝塔的妈妈）

为了让儿子睡觉，我必须拔掉电话线，不能冲厕所，不能洗盘子，走路都要踮着脚尖，免得地板会发出咯吱咯吱的声音，我连喷嚏都要憋住，大气也不敢喘。总之，我得做个木头人！

（纳迪亚，3岁的米歇尔的妈妈）

这种孩子在摇篮里表现得非常焦躁，根本待不住：他们想要，更准确地说他们是在要求，要求我们能在第一时间回应他们。从他们的动作就能看出来这些孩子与众不同：他们紧紧地攥着小拳头，努力弓着背抬头，肌肉紧绷，好像准备好了要大干一架一样。

（蒂娜，护士，曾在某大型医院的儿科病房工作过 22 年）

·他们精力充沛、生命力极其旺盛，反应无法预测：一小时前还奏效的策略，一个小时后可能就会让他们感到厌恶和生气。

·他们反应强烈：开心的时候他们会开怀大笑，那爽朗的笑声和阳光的模样非常讨人喜欢，但是他们生气的时候，也会毫不客气地让大家都知道。

·他们性子很直，是小独裁者：他们直奔自己的目的，完全不在乎周围发生的任何事情。

性格特征发展规律

婴儿期	儿童期	成年后
灵敏	多动、停不下来	充满热情
情绪化	紧张、焦躁	深情、沉稳
累人，使人身心疲惫	累人，使人身心疲惫	热情、爱表达
要求高	勇敢无畏	足智多谋、敏锐、睿智
爱哭，哭起来很夸张	精力充沛、任性	固执、有威望、有决断力
吵闹的	缺乏耐心	坚定、有趣
不好哄	意志坚定	直觉敏锐、爱好交际、公正
过于敏感、易怒	固执、挑衅	富有同情心、热情、温柔

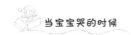

4. 更多关注孩子的积极面

让我们试着换个角度来看待我们的孩子：他的确性子很急，但是也活泼可爱；他不断地制造麻烦，但是他永远那么精力充沛；他很容易生气，但是也非常热情……

上面的表格中所展示的是由加州大学尔湾校区医学院的儿科专家威廉·西尔斯（William Sears）经过多年研究总结出的关于儿童性格发展的规律。从表中我们可以清晰地看出，高要求的小孩经过儿童期、青少年时期再到成年，其性格特征会慢慢蜕变为非常可贵的品质。但是有一个前提——我们要更多地关注孩子积极的一面，而不是天天盯着他们消极的方面耿耿于怀。

罗森塔尔效应

某所小学的校长告诉学校的老师，心理学家将会对他们的学生进行智力测试，然后筛选出其中最有天赋的孩子。心理学家随便选了一些名字写在了所谓的"最有天赋的孩子"的名单上交给了老师。其实这些所谓的最有天赋的孩子都是随机选出来的，跟其他孩子没有任何区别。但是老师不知道，他们真的以为名单上的孩子是更优秀的，从此对这些孩子的印象发生了改变。学年结束的时候，奇迹出现了，所有被认为"更优秀"的孩子，都取得了高于平均分的出色的成绩。

相信大家对这个实验已经非常熟悉了，它是 1972 年由美国心理学家罗伯特·罗森塔尔（Robert Rosenthal）展开的，实验证明，我们所表现出的对孩子的信心（或缺乏信心）能对孩子的行为产生深刻的影响，"相信他行，他就能行"，这就像一个能戏剧性地应验的预言。

第二章

哭是孩子的语言

亲爱的小安德烈只会哭，如果他会说话就好了，那我就能明白他想要什么了。

（茱莉亚娜，32岁，6个月的安德烈的妈妈）

安德烈真的不会"说话"吗？如果我们从狭义的角度来理解"说话"这个词，即"说话"是"把词语以语音的形式表述出来的行为"，那么安德烈当然是不会"说话"的。但是不论是大人还是小孩，我们每个人都不是仅仅通过话语来表达自己的意思的。

我们还会用身体说话：我们会向上翻白眼表示不耐烦，会耸肩来表示我们不关心，担心的时候会用手去摸额头。

而且，肢体语言常常比说话更具有表现力，有时候甚至会完全取代语言，比如聋哑人之间的对话就完全使用手语。

儿童也会使用肢体语言，他们的身体也会"说话"。最开始的时候，哭就是他们的语言，然后随着他们慢慢长大，对身体动作的控制能力也逐渐增强：一开始只能控制眼睛，然后会笑，再到控制手和脚的动作，会自己咬东西吃，然后咿呀学语，结结巴巴地说出第一个词。

孩子哭其实是在表达自己的情感，告诉我们他们的需要。如果能正确认识到这一点，我们就不会那么生气和不耐烦了。我们静下心来，才能以正确的姿态去倾听孩子的需求，因为同样是哭，不同的哭声所传达的内容是不一样的：饿、身体不舒服、害怕、想亲近、困、担心被抛弃、嫉妒、疲惫、紧张、生气、烦闷……

> ### 以前孩子哭的时候大人是怎么应对的
>
> "哭，是一种刺耳的、不道德的聒噪声"，这是19世纪维多利亚女王的牧师约翰·S·布莱克（John S. Black）对哭做出的评价。
>
> 在过去的几个世纪，人们对哭的态度与今天大不一样（但是也并不是说这些态度现在已经完全不存在了）。
>
> • 中世纪时期，人们认为孩子哭是恶魔附体的症状，因此需要抓紧时间向牧师寻求帮助，牧师要向"小恶魔"的身上泼洒圣水才能驱除晦气。
>
> • 18世纪启蒙运动期间，人们认为孩子哭是父母的错，当时的科学家们说："孩子哭，是因为他们被父母惯坏了。"

直到今天这种观念还有很多支持者。

1748 年，瑞士哲学家、教育家约翰·格奥尔格·苏尔寿（Johann Georg Sulzer）在《论教育与儿童教育》一文中写道："孩童看到自己想要的东西却得不到，然后就生气、哭闹不止，甚至打滚……如果出现了这些恶习，一定要立刻加以纠正，以免罪恶在孩童内心生根发芽，致使儿童完全堕落败坏。"

• 19 世纪，也就是我们曾祖父母那一代，人们责怪的对象从父母转移到了孩子身上："孩子哭是因为他是个坏孩子。"为了帮助孩子摒弃这种恶习，儿童保育手册告诉人们"要挫伤孩子的意志"，即任由孩子哭，不要去管，等他筋疲力尽以后自然会停下来，只有这样他才能变得温顺听话。

1. 宝宝为什么哭

现在有的心理学家、医生和父母仍然赞同两个世纪以前的观念，建议我们孩子哭的时候不要去管，这样孩子才能"戒除爱哭的坏习惯"，学会自己安慰自己。

9 个月以前孩子是不会装的

以前的旧理论告诉我们不能"让步"，不要管，任由孩子去哭，这种理论实际上是假定孩子有故意要脾气、故意制造麻烦的能力。

然而，米兰妇产科医院（Ospedale Mangiagalli di Milano）有着多年工作经验的新生儿专家安东尼奥·马里尼（Antonio Marini）指出，婴儿是不会假装的，他们不具备这种能力："婴儿哭的原因可以有很多种，但是可以肯定的是他们哭一定是有原因的。家长们所说的'要脾气''任性'的行为要在接近9个月的时候才会开始，但是即便是孩子在故意要脾气，如果我们仔细分析一下，就会发现他这样做也是有他的道理的。"

这么小的宝宝有什么"道理"可言呢？

专家解释说，婴儿哭并不一定是因为身体不舒服，也有可能是荷尔蒙危机导致的（婴儿在妈妈肚子里的时候周围的荷尔蒙水平是非常高的，出生以后荷尔蒙水平突然下降，因此会表现出一种类似戒断综合征的症状）。为了适应这种激素水平的骤变，婴儿需要更多的陪伴和安慰，比如突然醒来的时候，他们就会感到很难过，需要我们的安抚。这往往是一种累积的压力的暴发，这里的压力是指广义上的一种紧张状态，比如某种强烈的情感、突然传来的噪声、过强的刺激、打雷下雨带来的恐惧等。

而哭是孩子所掌握的唯一一种"语言"，是孩子告诉父母他们的需要和欲求、表达自己的愤怒或其他感情的唯一一种方式。

不知道你们有没有遇到过这种情况：

我们正在自己的房间里，突然听到隔壁房间里传来一声尖叫，我们吓得跳了起来，赶紧跑过去看看发生了什么事。这就是"哭泣效应"。当孩子迫切地需要向我们传达某些信息的时候，他们就会选择这种方式，这是他们掌握的唯一方法，也是引起别人注意、获得回应的一种最有效率的方式。

这就是为什么我们说理解孩子的哭、知道孩子为什么哭是非常重要的，孩子还会根据我们对啼哭的"回答"方式，开始学着与他人相处，认识世界，构筑内心的安全感。

 孩子哭是父母的"过错"：这是一种误解

孩子如果经常哭闹，人们往往认为是父母的过错，是因为父母忽略了孩子，没有满足孩子的需求，没有给予他们足够的关注。

贝里·T·布拉策尔顿（Berry T. Brazelton）是美国最杰出的儿科专家之一，他曾经去托儿所观察一组4个月大的婴儿的行为。布拉策尔顿观察后发现，整个白天小宝宝与育婴师待在一起，他们并没有任何特别引人注意的表现：有时候脸上会闪现出一个笑容，偶尔因为不太舒适或发现了什么感兴趣的东西会发出哼哼唧唧的声音，其他时间都很平静。

然而一到傍晚，也就是父母要来接他们回去的时候，爸爸妈妈一出现在门口，婴儿房里就会爆发出此起彼伏的响亮哭声，只有当父母把他们抱在怀里以后才能安静下来。

小家伙们的"诡计"还不止这些。如果妈妈或爸爸试图去亲吻他们，他们就会故意把头扭到另外一边，好像在拒绝似的。

育婴师们说："小宝宝跟我们从来没有过这样的表现！"

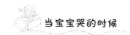

看到小家伙们这样的反应，妈妈顿时充满了负罪感，心里特别不是滋味，妈妈会想：宝宝肯定生我的气了，因为我把他丢在这里一整天。

布拉策尔顿说："父母们竟然是这样理解孩子的哭，我感到非常震惊。当时所有的父母无一例外地都说孩子哭肯定是因为父母做得不够好，因而感觉很内疚。其实孩子根本没有生妈妈或爸爸的气，他们之所以看到父母就哭，是因为只有等父母来了，他们才能自由地释放自己的情感。他们哭也是为了吸引父母的注意，他们撒娇不让父母亲吻自己，也是为了进一步引起父母的注意，好给予他们更多的爱抚。"

"就让他哭吧，这对他有好处……"民间流传很广的一种说法是哭对孩子的肺有好处，这其实是非常荒谬的理论。20世纪70年代末研究人员已经进行过这方面的研究，他们发现大人如果任由孩子哭不去管，孩子每分钟的脉搏次数会上升，同时血液中的含氧量会降低。

如果孩子哭的时候大人及时做出了回应，孩子心血管系统的各种参数会迅速恢复正常值。相反，如果他们没有得到安慰，其心理和生理则会持续处于高压状态。

精神心理分析家约翰·鲍尔比（John Bowlby，1907—1990）是研究母子关系的杰出学者，他写道："孩子从出生到1岁之间的这一年，如果他们哭的时候总是得不到父母的回应，那么在日后的成长过程中，孩子对父母的态度可能会有两个极端：要么是表现出敌对性和攻击性，要么是过于黏人，缠着父母不放。"

关于"缺乏关爱"的误解是怎么产生的

第二次世界大战之后，很多孩子失去了父母变成了孤儿，被安置在孤儿院。美国心理学家 R.A. 斯皮茨（R.A. Spitz）决定对这些孤儿院里的小孩进行心理分析。他发现，虽然这些小孩的衣食起居等方面都被安排得很妥善，但是仍然陷入了深度的抑郁。

斯皮茨让孤儿院里的老师多抱抱这些孩子，跟他们聊天说话，亲吻他们，给予他们更多的爱抚。后来奇迹发生了，这些小孩很快就重新恢复了活力，只用了很短的时间就摆脱了抑郁的困扰。

正是从那时开始，心理学家开始重视缺乏关爱所造成的严重后果，研究人员也都热情高涨地研究这个课题，但是大家得出的某些结论并不准确，这些不准确的结论对人们的影响却一直持续到了现在。比如，今天很多人认为，妈妈只有一直陪在孩子身边，孩子的心理和情感发育才能健康。这种想法产生的根源，其实就是受到了当年研究成果的影响。

人们认为，战后孤儿院中的孩子陷入抑郁是因为他们都失去了妈妈，所以结论就是妈妈的存在对孩子心理健康的发展是不可缺少的必要条件。这其实是对斯皮茨实验的曲解，斯皮茨的结论恰恰是相反的：当孤儿院里的老师给予了孩子更多的关爱时，他们很快就重新恢复了活力。也就是说，这个帮助孩子心理健康成长的角色并不一定非得是他们的母亲。

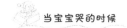

因此，在这里我们需要厘清两个容易引起误解的概念：

· 缺乏关爱不等同于缺乏母爱；
· 母亲不在身边也不等同于缺乏母爱。

因为母亲可能没有陪在孩子身边，比如需要出去上班的职业女性，她们不能天天陪在孩子身边，但是情感上跟孩子也可以保持非常亲近的关系。

"需要上班的女性需要兼顾工作和孩子，虽然不能天天跟孩子待在一起，但是她们发明了一种新的方法，因此也能跟孩子建立起密切的情感关系。"法国心理治疗师西尔维娅·贾皮诺（Sylviane Giampino）在她的《工作的妈妈有错吗？》一书中这样写道。

正是因为妈妈知道自己跟孩子相处的时间很短，所以她们特别珍惜跟孩子在一起的时刻，她们和孩子在这有限的时间内会建立起一种极其紧密的关系。而且，在这种家庭里长大的孩子在选择要相信的人的时候也会更加慎重和坚定，因为妈妈不在的时候，很多人都参与了他们的成长和教育，包括爸爸、亲戚（如爷爷奶奶）、保姆等。

那么，孩子爱哭到底是谁的"错"呢

我们已经证实，孩子哭不是因为被父母宠坏，不是因为孩子本身是坏孩子或太顽皮，也不是因为父母没有一直陪在他们身边，那么问题就来了：他们到底为什么哭呢？

心理学历史上有一个非常著名的实验：研究人员把一组成年人关在一所房子里，房间里所有东西的尺寸都是不符合常规的，桌子高 3 米，椅子 2.25 米，人坐在椅子上像是杂技演员一样。房子里还笼罩着一层人工制造的雾，因此所有东西的边界和颜色都看不清楚。而且为了打开窗户，他们得爬上一架梯子才够得着。

几天之后，所有参加实验的人都受不了了，他们都被焦虑、痛苦和无助的情绪折磨得喘不过气，纷纷要求退出实验。

美国精神分析家丹尼尔斯特恩（Daniel Stern）说："之后研究人员又进行过很多类似的实验。儿童研究领域在近几十年来取得了革命性的进展：如今，针对两岁以内的儿童，我们所掌握的研究材料的丰富程度是前所未有的。"

孩子眼中的世界正如实验中的成年人所看到的一样。想到这一点，我们或许就能理解孩子为什么急躁不安，为什么看似没有任何原因却总是哭个不停。心理分析专家解释说，从婴儿呱呱坠地的那一刻起，他们就经历着这样的痛苦，表现出焦虑症发作的典型症状：他们被迫面对刺眼的光，呼吸困难，心脏剧烈跳动。

如果刚出生的婴儿会说话，他一定会告诉我们他降生时被两种矛盾的情绪折磨得有多惨：一种是恐惧，他害怕离开子宫的保护，他担心独自面对这个世界的时候会活不下去；另一种则是想要挣脱束缚的强烈欲望，因为子宫这个小小的空间已经快让他窒息了。他的这种感受实际上非常类似于成人的两类焦虑症：对封闭空间的恐惧（幽闭恐惧症）和对没有边际的开放空间的恐惧（广场恐惧症）。

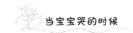

因此，有些学者认为，新生儿之所以会哭，是因为他们在哀悼自己离开妈妈的身体以后所丧失的安全感和其他所有的美妙感受。正如被关进巨型房间的成年人一样，婴儿出生后所面对的就是这样一个世界，这个世界对他们来说是未知的，而且大得吓人，周围危机四伏，各种各样的刺激都是以前从来没有体验过的，他必须要去适应。

2. 用孩子的眼光看世界

博洛尼亚大学的教育学教授皮埃罗·贝尔托尼（Piero Bertolini）认为："为了采用正确的方式教育孩子，我们需要从孩子的角度着想，用孩子的眼光看世界。我们知道，所谓的事实实际上都是带有主观性的，看待事物的角度不同，看到的'事实'也就不同。孩子跟我们的视角是完全不一样的，他的视野非常有限，而且，他以为他所看到的和感觉到的就是'全世界'。"

和触觉一样，视觉也是婴儿认识世界、收集信息的主要手段之一。但是，新生儿眼睛里的世界跟我们看到的完全不一样，他们看到的都是颜色模糊和隐约闪现的大片阴影。只有红色是他们能清楚地感知到的颜色，因此，我们如果想送给婴儿一件他喜欢的东西，最佳选择就是红色。

出生后几周内，婴儿看到妈妈的脸就能做出反应，但是只有与他眼睛的距离保持在 20 厘米左右他才能看见。这实际上正是婴儿在哺乳过程中与妈妈的脸的距离，所以这是一种保证婴儿能够认得出妈妈的自然本能。

然而，婴儿看到的图像其实并不清晰，妈妈的容貌在他眼中就像卡通的轮廓一样，只能模糊地显示出两个眼睛和一个嘴巴，即便如此，他还是能够把妈妈的脸和其他图像区别开来，因而看到妈妈的脸他就会做出反应。

法国心理学家玛丽·蒂里翁（Marie Thirion）说："科学研究证明，如果我们向刚出生几个小时的婴儿出示一个几何图案和一张人脸图片，他的眼睛一定会盯着人脸的图片看。"

最早的记忆

婴儿发育的速度非常快。到了一个月的时候，他们不仅能认得出妈妈的脸，而且还有了自己的偏好，比起其他人的脸，妈妈的脸是婴儿最喜欢的。但是如果妈妈脸上没有任何表情，小家伙就会变得躁动或者放声大哭，这是因为缺乏互动会让婴儿感到不安。其实，给婴儿留下深刻印象的并不是脸部的物理结构，而是脸上的表情。他们能记住一张脸上各种表情对应的各种情绪，因此，通过对方脸上的表情，他们能分辨出快乐、惊讶、生气、悲伤或冷漠等情绪。有一项调查表明，即使是把一张笑脸倒着呈现在婴儿面前，他们也能辨认出这张脸上的表情是快乐的。

"记忆是存储信息并且重新访问这些信息的能力，"剑桥大学医学研究委员会应用心理学部主任、记忆过程研究专家艾兰·巴德利（Alan Baddeley）写道，"如果没有记忆，我们会看不到、听不到，无法进行思考。我们将失去表达情绪的语言，甚至连个人身份也都

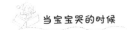

当宝宝哭的时候

失去了意义。如果是这样，我们跟植物也就没什么区别了。"

初生的婴儿能感觉到什么

大量调查研究表明，出生后的一个星期内婴儿就已经能分辨出妈妈的声音和气味了。虽然我们还不知道这些声音和气味具体是通过什么样的过程转化成记忆存储在婴儿的大脑中的，但是我们可以确定这是最早的、比较简略的一种记忆形式。

美国著名儿科专家贝里·T.布拉策尔顿（Berry T. Brazelton）写道："早在出生之前，婴儿还在妈妈的子宫里的时候，如果听到巨大的声响，他也会移动或者猛然抽搐一下。"

婴儿能感受到妈妈说话的音量、音色和声音持续时间的长短，就像我们在听某种外语的时候一样，虽然听不懂每个词语的意思，但是我们能明白它所传达的情绪信息，能分辨出是安慰的语气还是请求或者生气。

因此，婴儿还未来到这个世界之前，最开始是通过我们的声音，建立起了与世界的最早联系。出生之后，妈妈在无意识中会根据宝宝的动作改变自己说话的方式，所以婴儿会自动把妈妈声音的不同节奏与自己的不同动作对应地联系起来，并且"记住"这种对应关系，例如，听到较强的声音他就会抽搐或颤抖一下，而听到比较轻柔的声音（比如哼唱摇篮曲）时就会微笑。

与妈妈"对话"，现在被用作帮助早产儿恢复健康的一种方法。医生会建议妈妈跟保育箱里的宝宝每天对话一个小时以上，而且声音要温柔、平静。妈妈的声音会穿过保育箱的外壁，传到婴儿耳朵里：脑电图的图像显示，听到妈妈的声音后，婴儿的脑电波会变得平稳。

以上所有调查研究都告诉我们一个道理：千万不要以为小家伙们什么也记不住。

3. 宝宝哭说明他不开心吗

从远古时期开始，人们就认为婴儿的啼哭是人类不快乐的证据。

拉丁语作家老普林尼（Plinio il Vecchio，公元23／24年—79年）写道："人类跟任何动物都不一样，他们啼哭着降生，赤条条地被抛弃在这荒芜的土地上，唯有哭声为伴。"

哭是释放压力的一种方式

Thesi Bergmann 是著名心理学家，曾与安娜·弗洛伊德（Anna Freud）合著《医院里的孩子》一书（*Bambini malati*，Bollati Boringhieri 出版社，都灵，1974），他专门研究过产房里的婴儿刚出生时的行为和之后的表现之间的关系，他发现，一开始哭得最凶的婴儿，回到家里以后却变成

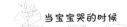

了最安静、最听话的宝宝。

虽然看起来有些矛盾，但是这个研究告诉我们，大哭（有人更喜欢称为"耍小脾气"）过一场之后，婴儿确实能变得更放松、更好相处、更开心也更独立。

这种巨大的转变令人吃惊，之前那么爱哭、黏人、喜怒无常，现在却变得安静、听话、独立、乖巧可爱。心理学家对这一奇迹做出的解释是：宝宝通过哭，释放出了身体中累积的压力。

婴儿哭的原因有无数种：可能是白天家里来来往往的人太多、事情太多，给孩子造成的刺激太多了，也可能是他想告诉我们一件事但却表达不出来，所以很着急，还有可能是他想做一些最简单的动作但却做不到。类似的状况发生时，孩子就会哭，其实哭在这里起着安慰和治疗的作用。

但是今天，科学家们纷纷指出，啼哭具有显著的"治疗功能"。

大量调查表明，如果能够得到理解和回应的话，哭可以降低动脉压力，减少每分钟的心跳次数，平复某种强烈的情绪变化所导致的脑电波波动。

美国明尼苏达大学研究员威廉·弗雷（William H. Frey）对泪液样本进行了分析，他发现泪液中含有一种叫作儿茶酚胺的化学物质，这种物质能使心跳加快，因而引起血压升高，使肌肉中血液含量过多。当儿茶酚胺通过眼泪从体内排出以后，神经系统就会平静下来，恢复到平衡状态。

另外，哭也关系到人体的健康。不经常哭的人患结肠炎和溃疡的概率比爱哭的人要高。美国外科医生兼研究员伯尼·S.辛格尔（Bernie S. Siege）在《爱、医药与奇迹》（*Love, Medicine and Miracles*）一书中引用了大量的调查研究，这些调研都表明，那些随心所欲地表达自己的愤怒、挫败感和失望的女性，比那些总是压抑自己的情感的女性的寿命要长。

不仅如此，眼泪除了能降低体内与压力有关的激素含量，还能刺激身体产生内啡肽，这种物质能帮助我们控制情绪，抵抗抑郁症，增加幸福感。

奶奶那一辈的人虽然不了解荷尔蒙和内啡肽，但她们也经常说"哭对人有好处"。对孩子来说，这些好处当然就更明显了，因为孩子比成年人更敏感，情绪波动在身体上所产生的影响也就更为显著。

第三章

啼哭的时间和种类

我儿子算是比较安静的。他晚上也就醒 2~3 次。剩下的时间都在睡觉。

（妈妈西尔瓦娜，32 岁；儿子鲁多维科，70 天）

那个小家伙？她简直是个灾难！她一晚上能醒 2~3 次！

（妈妈茉莉娅，26 岁；女儿卡泰丽娜，60 天）

这完全是个态度的问题。鲁多维科和卡泰丽娜每天晚上醒的次数是一样的，但是两位妈妈的看法却完全不一样。西尔瓦娜觉得鲁多维科是个听话的小天使，而茉莉娅却认为卡泰丽娜像个小恶魔。

美国儿科医生贝里·T. 布拉策尔顿（Berry T. Brazelton）表示："哭是婴儿一种非常正常的表现，父母不用害怕，也不必把哭当作

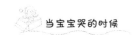

孩子健康或营养出现问题的警报。有些妈妈因为这个问题过度焦虑，这里我们可以明确地告诉大家，哭向来跟严重的疾病或奶水短缺之间没有必然的联系。相反，真正健康出现问题的孩子一般来说反而不怎么哭。"

1. 为什么无法忍受孩子哭闹

看到孩子哭，我们心里会感到不舒服，会生气，会觉得心累，这些感觉让我们感觉孩子好像哭了很久了，事实上可能才只哭了一小会儿而已。

在有些父母的印象中宝宝总是在哭，但大多数情况下这种感觉都是不准确的。法国研究人员曾邀请很多父母和宝宝做了一个实验，他们准确地记录了一个星期中宝宝啼哭的总时长，然后与父母们印象中孩子啼哭的时长做比较。结果父母们发现，他们的印象与实际数据相差非常多，自己的孩子啼哭的时间是"正常"的。了解到这个情况以后，大多数父母就不再焦虑了，变得更加从容，跟宝宝的关系也变得更加和谐。

心理学家乔瓦尼·马卡赞（Giovanni Marcazzan）解释说："孩子的哭声总是让我们难受。其实让我们感到不安的并不是孩子哭这件事本身，而是我们对这件事的理解。如果我们总想着孩子不应该哭，用尽一切办法让他停下来，那孩子的哭闹声就会变成一种折磨，让我们无法忍受。相反，如果我们认为哭并不是孩子在向我们表达敌意或不满，而是孩子的一种需要我们去破解和理解的语言，那么我们的忍耐力就会增强，与孩子的相处就会变得轻松。"

虽说如此，但是有一个事实是不可否认的：有些宝宝的确是比其他宝宝哭得更多，虽然他们的身体完全健康，他们的父母带小孩的经验也非常丰富，但他们就是爱哭。因此，了解婴儿在正常情况下啼哭的时间是非常有用的，可以帮助我们客观地判断我们的宝宝哭闹的程度是否在正常范围内。

贝里·T.布拉策尔顿告诉我们："波士顿儿童医院经过多年的研究发现，3周的婴儿正常情况下啼哭时间为每天1~1.5小时；6周时每天一般会哭2个小时，有时候甚至能达到4个小时。随着宝宝长大，他们开始学会发出其他声响，学会了笑，逐渐习惯了用哭以外的其他方式跟周围的人交流，因此啼哭的次数开始减少，到三个月的时候则几乎完全放弃了这种交流手段。从这之后，哭逐渐变成了一种针对特定刺激做出的特定反应。"

完美的信号

哭，是一种应急机制，也是一种完美的信号，因为哭声会在最短的时间内把妈妈吸引到婴儿身边，来哄他安慰他，来看看他需要什么帮助。专门研究婴儿啼哭的科学家们认为：

·哭是身体的自动反应。婴儿不会选择哭还是不哭，他们哭是因为不得不哭，因为有时候他们迫切地需要将空气吸入肺部，然后通过声道排出。排出的过程中引起声带振动，发出声音，我们把这种声音叫作哭，但是准确来说应该称之为"喊叫"。因此，出生后的前几个月，哭并不是婴儿自己决定的，而是一种自动反应：当肺中充满了空气时，他必须得把空气排出来，然后他就会哭。

·因人而异。每个孩子的哭声都是独一无二的，即使是同卵双胞胎，他们的哭声也是不一样的。专业人士将这种声音的不同特征称作"声音指纹"，因为正如每个人的指纹都各不相同，每个孩子也都拥有不一样的声音指纹。

·哭是一种非常有效的手段。当妈妈听到自己的宝宝哭时，身体里的血液会迅速流向乳房，妈妈就会产生一种想要马上把宝宝抱在怀里喂他吃奶的冲动。催产素是一种能刺激乳汁分泌的激素，同时它还能让人产生放松和舒适的感觉。因此哺乳的过程中，婴儿的哭声给妈妈造成的紧张感得到了缓解。这些生理因素成为母亲和孩子之间进行交流的重要纽带，这也就解释了为什么妈妈们很难接受任由宝宝哭而不去管他们的做法，因为这违反了生理规律。

2. 宝宝的哭跟大人的哭是不一样的

多项调查研究表明，虽然婴儿出生后都会哭，但是只有极少数的婴儿（10%~13%）在出生后的5天内能哭出眼泪。绝大多数的婴儿只是在喊叫，或者文雅一点，我们可以说这是他们出生后最初的啼哭。

一般来说，婴儿到了3个月以后哭的时候才会流眼泪，有的宝宝甚至要等到第四个月。正因如此，我们说婴儿的哭跟成年人的哭是不一样的，不应该混为一谈。

来自罗马耶稣儿童医院（Ospedale Bambino Gesù di Roma）的儿科医生安娜·玛利亚·瓜达尼（Anna Maria Guadagni）解释道："哭并不一定是痛苦的信号，它是婴儿实实在在的语言，婴儿用这种语言来表达自己的情感和需要：饥饿、疲惫或是想要大人抱……"

马里兰大学（The University of Maryland）儿科学教授丹·利维（Dan Levy）证实了这种说法："婴儿吸引成人注意力的手段有限，哭是他们确保自己的基本需求得到满足的一种重要方式。"

婴儿完全受身体内的各种冲动支配。当他们感到饿的时候，需要马上填饱肚子，一刻也不能拖延；当他们累了的时候，不像成人那样可以消耗身体中存储的能量，必须马上休息；当他们感到嫉妒、悲伤、生气、焦虑、恐惧或失望的时候，或者只不过是有点无聊时，也同样不能忍，完全没有办法掩饰自己的感受。

因此，我们必须首先端正态度，正确看待孩子的啼哭，他们用哭来表达自己的情感是没有任何过错的。相反，如果孩子面对围绕在他们身边的成千上万种刺激无动于衷，没有任何反应，那种情况才是真正需要我们担心的。

3. 如何分辨孩子不同种类的哭声

哭是婴儿跟我们交流的方式，意识到这一点，是进一步理解他们的需求的必要前提。我们常常通过聊天的语气和声调（温柔、沮丧、愤怒、霸道……）就能判断聊天的内容。同样，根据宝宝哭时声调的不同，我们也能破译他们传达给我们的不同信息。这是有科学依据的。

专家们曾经录制过婴儿的哭声，然后用专门的仪器分析出不同的类型。结果他们发现，由不同原因引起的啼哭，其声调也各不相同。随着跟宝宝相处的时间越来越长，每位母亲不必借助任何精密的仪器，也能听得出自己的宝宝各种哭声的不同，而且可以判断出每种哭声各代表什么含义，仿佛宝宝不是在哭而是在说话一样，例如急躁的哭声可能是因为尿片湿了，或是声音太响、光线太强；而尖锐的哭声可能说明宝宝肚子疼或耳朵疼……

1）饥饿时的哭声

宝宝饿了的时候，一开始哭声很微弱，也没什么节奏，然后如果没有吃到奶，声音就越来越洪亮，同时啼哭的节奏感也更强。

• 出生后的前几个月，我们要根据宝宝的需要及时调整喂奶的量，如果是母乳喂养更需要注意，因为只有及时调整，奶水的数量和质量才能随着孩子需求的变化而变化。因此，我们必须要相信自己的宝宝，了解宝宝的脾气，没有必要跟其他的婴儿比较，看到别人家的宝宝比自己的宝宝吃得多或吃得少就以为自己的奶水不够或过多。婴儿的胃口有大有小，这是体质和天性的问题。如果小家伙经常哭，而且总是急切地吸住乳头不放，这时候我们要仔细观察一下宝宝吮吸的节奏是否正常、他有没有吸入足够的奶水，因为有的宝宝性子太急，吃得太匆忙，吸进去的大部分不是奶水而是空气。

但是，根据宝宝的需求灵活哺乳并不是说宝宝每次哭的时候就把乳头送到他嘴里，因为如果婴儿每次从外界获得的都是同样一种回应（总是用喂奶来回应宝宝的啼哭），他以后就只知道要求得到这个答案。如果宝宝每次哭闹的时候，我们都把他抱起来喂奶，就可能会导致他没有办法明确地表达自己的需求，即便是需要其他的东西，他也只知道要求吃奶。

　　• 宝宝成长过程中的某些阶段可能胃口会更大，他们会通过哭来表示自己还没吃饱。但是这并不意味着妈妈的奶水不够、必须得添加配方奶粉了。因为我们知道，乳腺产生乳汁的量是由妈妈和婴儿之间的"供求关系"所决定的，宝宝对乳汁的需求量大，就会刺激乳腺分泌更多的乳汁。因此，如果宝宝胃口变大了，我们可以通过增加喂奶的时间和频率，刺激乳腺产生更多的乳汁，从而适应宝宝的需求。

　　一般来说，只需要几天的调整过程，乳汁的量就会明显增加，重新满足宝宝新阶段的需要。

　　这一调整过程我们称之为"校准"，在出生后的几个月内一般要校准好几次。

　　所谓的"生长突增期"往往会出现在第 4~6 周（第二个月前后）和第 12 周（接近第四个月）。

　　在生长突增期，宝宝经常通过哭来表示自己需要进食更多的乳汁，这时候我们就要增加喂奶的时间和频率了。

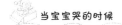

2）不舒服时的哭声

宝宝不太舒服时，哭声很像表示饥饿的哭声的第一个阶段，即声音比较微弱，节奏感不强，父母会觉得没有那么紧迫，不需要马上去管。

让宝宝觉得不舒服的原因可能是尿片湿了，太冷或太热，他一边轻声哭，一边摇动身体，看上去像是在努力摆脱让自己不舒服的那个东西。

3）哺乳期间的啼哭

有时宝宝可能正吃着奶突然哭了起来，这让妈妈担心是不是自己的乳汁不够吃了。

一般来说，这种情况往往会发生在哺乳的初始阶段，因为这时候乳汁量很大，宝宝还没有把嘴放上吸吮，就有大量的乳汁涌出来，让宝宝有一种"窒息"的感觉。他的脸会涨得通红，看起来像是被呛到了，而且变得很激动。

为了避免这种情况发生，妈妈们在给孩子哺乳前可以先把乳汁挤掉一些。

但是，婴儿在哺乳期间啼哭也有可能是肠绞痛的征兆，我们在后面的章节将会详细讲到（参见"夜间肠绞痛：一种肠道反应"一章）。

4）疼痛时的哭声

直到 20 年前，人们一直认为婴儿是感觉不到疼痛的，或者说只能稍微感觉到一点。因为在婴儿阶段，包裹在神经纤维周围的髓鞘还没有发育好，而髓鞘的作用是提高神经冲动的传导效率，使神经纤维将身体接收到的各种感觉信号更顺畅地传递到大脑，因此，人们认为婴儿是感受不到疼痛刺激的。然而近几年的研究表明这种说法并不准确。事实上无论年龄多小的宝宝都能感受到疼痛的刺激。

由疼痛引发的哭声往往非常突然，而且很凄惨，让人心碎，跟成年人突然被弄疼时的表现是一样的。这种哭声会刺激父母的神经，使父母产生很强烈的情绪反应，因此会立刻采取措施，去查看是怎么回事。

宝宝发出第一声号叫之后，可能会有一个短暂的停顿，听起来好像是要喘一口气。然后号叫会变成啼哭，由于越来越累，他们哭的声音也会变小。

5）生病时的哭声

由疾病导致的啼哭和由突然的疼痛导致的哭声是完全不一样的，生病的时候婴儿的哭声很虚弱，带有哀怨的语气。

6）失望时的哭声

宝宝还无法控制手和胳膊的动作。他们总是想把手放到嘴里或想抓握某些东西，但是经常力不从心，这时他们就会感到很沮丧，忍不住放声大哭。这种哭声是急躁而恼怒的。

7）刺激过多引起的哭声

房间里非常吵，很多亲戚朋友围在宝宝身边，有的摇铃，有的弹琴，有的用嘴制造各种声响，有的伸手抚摸他，有的亲吻他，大

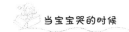

家都争着吸引宝宝的注意力。

突然，宝宝把眼睛一闭，头转向一边，放声哭了起来：他是实在受不了了，想安静一会儿。

哭声解读小手册

• "晚上亲戚朋友走了以后，宝宝经常会哭。"

这种情况很有可能是因为宝宝受到的刺激太多、太兴奋了。

• "宝宝喜欢早上哭，在我们手忙脚乱地赶着出门上班的时候。"

可能是因为没有及时给宝宝喂奶，小家伙肚子饿了。

• "他足足睡了3个小时，然后醒了，睁开眼就开始哭。"

宝宝很有可能是饿了。

• "还不到平时哺乳的时间，他就开始大声哭。"

小家伙的饭量变了：这个阶段他需要进食更多的乳汁，两次哺乳之间的时间间隔需要缩短一些。

• "宝宝的哭声尖锐，传达出来的是一种非常紧急的信息。"

这种哭声说明宝宝正在受到疼痛的折磨：可能是肚子胀气，可能是牙床红肿，也有可能他撞到什么东西把自己弄疼了……

• "哭声听起来很悲伤，像是在抱怨，声调也很低。"

这种哭声的意思是："求关注，来关心一下我吧。"

- "小嘴刚一碰到乳头他就开始哭。"

可能是乳汁的量太大了，建议妈妈在给宝宝喂奶前先把乳汁挤掉一点。也有可能是肠绞痛引起的。

- "他晚上哭得很厉害，怎么都哄不好。"

小家伙很有可能是肠绞痛（参见"夜间肠绞痛：一种肠道反应"一章）。

8）孤独时的哭声

婴儿孤独的时候，哭声像是在呜咽，声音一直都不响亮，但是很有节奏，只有当得到了他想要的"答案"时才会停止哭泣，这个答案就是：大人把自己的脸贴近他的小脸，对他笑，跟他说话，抱抱他，温柔地爱抚他。

有时候宝宝睡着，但是很快又哭醒了。这时候可能是因为他感受不到妈妈的温度了，所以感到孤独，或者他只是觉得无聊；他哭的目的是想吸引我们的关注，想要亲亲抱抱。

9）害怕时的哭声

如果宝宝被他不太熟悉的人抱过去，他可能会突然大哭起来。宝宝挣扎着要离这个人远点，想挣脱他的怀抱。这是宝宝害怕的表现。父母或宝宝熟悉的人这时应该把宝宝抱回来，安抚一下。

10）疲惫时的哭声

宝宝不怎么活动了，对人和玩具也都失去了兴趣，打哈欠，眼睛也失去神采，目光开始变得呆滞。这时候说明他累了，想要睡觉了。

11）旺盛的生命活力引起的哭声

婴儿的哭不仅是表达某种需求，同时也象征着人类的智慧、生命的活力和对环境的敏感反应。刚刚来到这个世界上的小生命，被环境中的各种刺激包围着，他很难躲避这些刺激。当被某些刺激"击中"的时候，他的神经就会做出反应，所以他就会哭，这是很正常的，没必要过于担心。

跟某些成年人一样，某些宝宝精神更足，所需要的睡眠时间比同龄人要少，但是他们也是非常健康的，有时候大人逼他们睡觉，但是他们真的还不想睡，然后就会哭。

英国著名心理学家彭内洛普·利奇（Penelope Leach）说："如果你们觉得宝宝应该睡觉了，然后就等着他们睡觉，那么你们很有可能要失望了，因为宝宝可能根本不想睡也不需要睡，你们一定要让他睡的话，不仅浪费了宝宝清醒的时光，还白白着急生气，把自己弄得筋疲力尽。"

第四章

学会接纳孩子的哭

研究人员严格按照科学标准进行过大量调查实验，最后得出了一个矛盾的结论：越是害怕会把孩子"宠坏"的父母，他们的孩子"被宠坏"的可能性越大。这是怎么回事呢？父母由于害怕自己的小孩变成天天抱怨的爱哭鬼，会花费更多的精力阻止孩子哭，而不是接纳孩子的哭，理解哭只是孩子与大人交流的一种方式。这样一来，他们跟孩子之间的信任就出现了裂痕，与孩子的距离也就越来越远。而孩子年龄还小，他找不到其他的方式表达内心的情感，所以只能哭，而且变得黏人、难以满足，哭起来很难哄好。

"成人任何试图阻止孩子哭的行为，从情感的角度来说，都会让孩子感觉自己被抛弃了。婴儿需要周围有人能倾听他的'语言'，在他用哭来表达愤怒、痛苦或害怕的情感时，周围的人能理解。"英国精神分析学家约翰·鲍尔比（John Bowlby）在他的论文《母子

关系的本质》(《The Nature of the Child's Tie to his Mother》)中写道。

如果孩子从一出生开始就能自由地表达自己的情感，那么他们始终都会感觉自己是被亲人无条件地爱着的，自己是被接纳的、被理解的。

"到了青少年时期，他们也能跟父母讨论自己的烦恼，他们会大胆地吐露自己的情感而不感到羞耻，必要的时候他们甚至会一边哭一边向父母倾诉，因为他们知道父母是可以信赖的人，父母一定会认真倾听自己的问题。"瑞士裔美国籍心理学家、《哭鼻子与耍脾气》(*Tears and Tantrums*)一书的作者阿莱沙·索而特(Aletha J. Solter)解释道。她还补充说："作为疗理师，我在工作的过程中发现了一个有趣的现象：那些非常依恋父母、不停地哭哭啼啼的宝宝是完全能够改变的，只要他们的父母营造了一个让宝宝比较安心的环境，宝宝感觉到自己的啼哭是被接纳的，从而建立起情感上的安全感，这些宝宝就会停止耍脾气的表现。"

1. 为什么孩子一哭，我们就抓狂

我们有没有想过，为什么婴儿哭的时候我们很难心平气和地把他抱在怀里，倾听他的哭声呢？一看到宝宝哭，我们的本能反应就是去阻止他（"不要哭了……"），即便不是阻止，那至少也会去分散他的注意力，好让他忘记哭这件事（"快看这个玩具多好看呀！"）。

的确，有一个天天咧着小嘴儿笑的开心宝宝对父母来说是一件很骄傲的事，是成功的标志。相反，如果我们的孩子热衷于把自己各种各样的情感都表现出来，生气、烦躁、厌恶、不耐烦，我们就会觉得我们作为父母的地位受到了挑战。

这种观念如此根深蒂固，肯定是来自我们最深层次的人格结构之中。

阿莱沙·索而特说："形成这种观念的原因，很有可能是我们小时候家长也同样不允许我们哭。为了阻止我们哭，我们的父母可能是把奶嘴塞给我们，让我们吃东西，或者晃动摇篮哄我们安静下来。但是我们真正需要的其实只是父母能温柔地抱着我们，随时愿意倾听我们的'心声'。"

就像我们会在朋友的怀里放声大哭一样，这时候我们并不需要对方说什么话、给我们什么建议或评价，更不希望对方催促我们不要再哭了（试想一下，如果朋友为了让我们停止哭泣，拿一个东西在我们眼前晃来晃去，我们会喜欢吗？）。我们只是想宣泄一下，眼泪本身就有平复情绪的作用。

但是要注意，允许宝宝哭，意思并不是把他扔在那里任由他哭而不去管。允许宝宝在我们的怀抱中宣泄情绪，和把宝宝一个人丢在摇篮里放任他哭，两者是完全不一样的。

约翰·鲍尔比认为，从出生到一岁之间，为了帮助孩子跟大人建立起一种健康的依恋关系，有两个条件是不可或缺的：

· 频繁的身体接触。

· 采取恰当的方式及时回应孩子发出的信号。

2. 孩子哭，我们该怎么做

有时候我感到很困惑。我怀疑我是不是对女儿太好了。或许我应该让她明白谁才是发号施令的人。然后她哭的时候我就故意不去管她，或者大声训斥她。但是我如果这样做她就会哭得更凶，而且哭的时间更长。

（玛丽娜，24 岁）

儿子哭的时候，我就把他抱起来，轻轻拍打他，试着分散他的注意力，沿着走廊走来走去，但是一点用也没有，他根本停不下来……然后我就非常生气。我甚至想抓住他的肩膀使劲摇一摇，让他把嘴巴闭上，但是我又怕伤害到他，所以又把他放回到婴儿床上，最后实在没有办法，我也开始放声大哭。

（玛利亚格雷兹娅，31 岁）

弄不明白自己的宝宝为什么哭会让很多父母抓狂，同时非常生孩子的气。有的宝宝是"睡觉困难户"，很难哄他们睡着，这些宝宝的妈妈，80% 都患上了抑郁症，另外有 50% 的妈妈被宝宝折磨得甚至想暴力地抓起宝宝摇晃一番好发泄一下内心的怒火，但是这种动作很危险，有可能会给婴儿的内脏造成损伤。

来自美国哈佛大学精神病学系的两名研究人员迈克尔·L. 科姆斯（Michael L. Commons）和帕特里斯·M. 米勒（Patrice M. Miller）对婴儿的啼哭行为进行了严谨而深入的研究，他们调查了来自不同文化背景的母亲对待婴儿啼哭的态度、她们的情绪反应、回应婴儿的方式及其对孩子发展造成的影响。

这两位学者的研究结果显示，小时候的啼哭被家长无视、没有得到回应的孩子，长大以后患恐慌症、创伤后压力心理障碍的概率更高。

"早期受到的压力会引起孩子大脑结构的改变，让孩子变得更加敏感……任由婴儿哭而不去安慰，会给婴儿造成永久性的伤害……会改变他的神经系统，使其变得极为敏感。培养孩子独立性、促进孩子成长的方式有很多种，我们不必冒着给孩子造成心理创伤的风险，非得在哭这件事上跟孩子较劲……身体接触和安慰的话语会让孩子感觉更安全，内心安全感充足的孩子长大以后也会更善于建立稳定的关系。"

因此，无论是出于什么样的原因，我们都不应该任由宝宝哭而不去管，就算我们不明白宝宝为什么哭，也要去安慰他。如果我们把孩子丢在那里让他哭，等他不哭了再去拥抱他，孩子会感到困惑，他没有办法把自己的哭和我们的这种回应联系起来，同时，他还会失望地觉得自己没有办法将自己的意愿传达给我们。这种做法只会让我们和孩子两败俱伤。如果宝宝哭个不停，我们抱着很累，其实也可以把他放到摇篮里，只要跟他说话、安慰他，让他感觉到我们在听他哭、我们没有忽视他就可以了。

心理学家阿莱沙·索而特告诉我们："哭是婴儿唯一的语言，因此，如果我们没有听他'说话'，婴儿可能会有两种反应：一种是哭得更凶，哭得更久；另一种是婴儿感到气馁，所以闭上嘴巴不

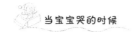

再出声，变成了一个乖宝宝。但是无论哪种情况，孩子都会认为我们在教给他们一件事：不要试图和别人沟通。而那些哭的时候收到了父母及时回应的孩子，他们到了青春期会非常信任自己的父母，会跟父母倾诉心事，一起寻求解决问题的方案。

"跟很多父母惯常的想法相反，婴儿时期与父母的肢体接触更多、得到父母的安慰更多的孩子，最后反而没有被宠坏。他们长大以后反而更自信，也更擅长建立稳定而持久的人际关系。因此，我们不要害怕'宠坏'孩子。作为疗理师，我在工作的过程中发现了一个有趣的现象：有些宝宝非常依恋父母、不停地哭哭啼啼，父母越是想阻止他们哭，他们就哭得越厉害，但是当父母决定接纳他们的啼哭并且安慰他们的时候，他们却不再哭了。"

3. 阻止孩子哭泣，会错失亲子沟通的机会

现在我已经快 40 岁了，但是还是无法在我妈妈面前尽情宣泄自己的情绪。妈妈很爱我，每个星期天我去看她的时候，她都会给我准备一堆瓶瓶罐罐的食物让我带回来，这样我一周都不用怎么做饭了。但是我始终和她有距离感。我这一生当中，即使是在最难熬的时期，也从来没有在她面前放声大哭过。

（安娜玛利亚）

看到孩子哭，家长自然会想尽办法减轻他的不适，好让孩子快点停止哭泣。但是如果我们只是想着要让孩子"停下来，不要哭了"，

那我们实际上错失了一个跟孩子好好沟通的重要机会。

不惜一切代价阻止孩子哭（"不要哭了""你能不能安静点"），结果往往适得其反：孩子在日后的成长过程中，会选择在自己高兴的时候才跟我们交流，心情不好的时候就把自己封闭起来。而如果从小孩子表达自己的愤怒、痛苦或恐惧的时候，我们都能倾听、接纳和理解他，孩子就会明白家人对自己的爱是无条件的，自己完全可以自由地表达任何情感。这样的孩子进入青春期后，也会向我们敞开心扉，因为他知道我们会给予他理解和支持。

相反，那些只有表现得很乖很开心的时候才能得到家长肯定的孩子，为了取悦父母，他们会有意压抑自己的一部分情感，长此以往的结果就是连他们自己也无法接受潜藏在内心深处的那部分情感了。

阿莱沙·索而特还曾写道："我作为家庭心理医生工作的时候注意到，如果父母能够接纳孩子的啼哭，让孩子在情感上有安全感，营造让孩子比较安心的家庭氛围，那么孩子就会改掉黏人、爱抱怨、好斗的习惯，同时变得更有爱心。如果孩子哭的时候，父母总是通过分散他的注意力来阻止他哭，或惩罚他、不管他，那这种情况持续的时间越长，孩子将来能找回信心、重新学会大胆表达自己情感的可能性也就越小。"

家庭心理学专家贾恩·昆都（Jan Hunt）在她的《守护孩子的天性：用心育儿》（*The Natural Child: Parenting from the Heart*）一书中证实了阿莱沙·索而特的观点："大量研究表明，哭泣的时候得到父母回应的孩子跟父母的关系更加亲密。"

4. 如何应对宝宝的啼哭

"你为什么不睡觉呢？""你的尿布湿了吗？""你饿了吗？""你冷吗？"我们常常忍不住这样问自己的宝宝，但是即便我们是用很温柔的语气在问这些问题，我们关注的重点始终是具体的解决方法，而不是宝宝当下的情绪。宝宝哭当然有可能是因为饿了或尿布湿了，但也可能是因为疲惫、生气或者只是想得到我们的爱抚。因此，听到宝宝的哭声以后，我们要做的第一件事应该是让宝宝感觉到我们就在他身边。

即便是身体上的不适导致孩子哭，需要我们去处理，这种情况他同样也需要安慰，需要我们的陪伴，意大利语中"安慰"（consolare）这个词的本义就是"陪在孤独的人身边"。

如果我们只是表面上敷衍地安慰了宝宝一下，内心却急躁、愤怒、不耐烦，那么宝宝敏感的"触角"一定会感受到我们真实的情绪，因此他们不但无法平静下来，还会哭得更伤心、更沮丧。面对孩子的哭啼，我们可以试试下面的方法：

1）把哭看成是宝宝跟我们交流的一种方式，而不是宝宝企图控制我们的手段

哭是宝宝发送给我们的一个信号，意思是他需要我们的安慰，想得到我们的回应。我们首先应该树立这样一种观念，这是让孩子感觉到我们爱他的前提条件。

2）提前回应好于事后补救

有的家长认为"让宝宝多等一会儿再回应，这样以后他哭的次数就少了"，这种观点肯定是不对的。如果宝宝个性很强，他不仅不会停下来，还会固执地哭得更凶、更久。如果宝宝比较听话，那他有可能会压抑自己的情感，保持沉默。

因此，我们要尽量在宝宝还没哭的时候就提前做出回应，这要好于等他开始哭了之后再去安慰他。跟孩子相处的时间久了，我们可以捕捉到宝宝要哭的信号：小家伙的脸上可能会出现焦虑的神情，小胳膊剧烈地摆动，呼吸变得急促……如果这时候我们及时把孩子抱起来，他就会明白并不一定非得要哭才能获得自己需要的关注，不哭妈妈也会来抱自己的。

3）根据孩子的情况调整我们的回应方式

随着时间推移，我们慢慢地就能区分孩子不同哭声的含义了，比如刺耳的尖叫声表示"妈妈你马上过来"，而没有这么急迫的呜咽声则表示"我累了……我好无聊……我想找妈妈……"

我们可以根据具体情况判断应该顺应宝宝的要求还是拒绝他，但是如果我们不确定是要顺应还是拒绝，那就选择顺应。因为我们要改正过分依从孩子的行为比较容易，但是孩子一旦失去了对我们的信任，再重新赢得他的信任就难了。

在出生后的前几个月，婴儿尤其需要我们的爱抚，小家伙想不断地获得我们的安慰。开始的时候，可能看到爸爸或妈妈，或者听

到爸爸妈妈的声音宝宝就能安静下来，几个月后，他开始特别渴望跟我们的身体接触。如果给宝宝喂完奶或换完尿片后，他表现得很不安，这时候他可能是想让我们把他抱起来。

家长往往不愿意这么做，因为他们怕把孩子宠坏，他们认为从小就要培养孩子的独立性。事实上并非如此：婴儿时期我们跟他的身体接触越多，给予他的安全感越多，那么孩子之后的自主能力就越强。宝宝哭的时候安慰他，让他安心，可以帮助他渡过难关，并不会阻碍他的成长或让他变得软弱。

4）用我们快乐的情绪去感染孩子

这种方法适合 6 个月以上的稍大一点的宝宝。例如，我们在打电话，宝宝坐在地毯上忙着玩他的玩具。但是过了一会儿，他突然轻声呜咽起来。

这时候，我们完全可以不用放下手机着急忙慌地冲过去把宝宝抱在怀里，我们可以暂时把对话中断一会儿，看着宝宝的眼睛，给他一个大大的笑脸，做一些夸张的动作，给他鼓励。宝宝看到自己是我们关注的焦点，会受到我们的影响，会被我们快乐的情绪"感染"到，然后他就心满意足地重新开始自己玩玩具了：他从我们这里得到了足够剂量的安慰和宠爱，现在他感到很安心，可以继续扬帆起航，独自去开辟新征程了。

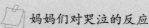

妈妈们对哭泣的反应

2002 年，儿科医生斯特凡诺·塔斯卡（Stefano Tasca）

为了研究妈妈对自己宝宝的啼哭有什么看法以及她们认为应该如何应对，对 200 名妈妈进行了深入调查。

你的宝宝哭时，你会怎么应对？

宝宝的啼哭表达了什么意思？	·无论什么年龄，只要是哭就表示不舒服 (48.3%) ·5~7 个月之前是表示不舒服，5~7 个月之后是故意要脾气 (48.2%)
如果宝宝哭了，你过多久才去管他？	·宝宝只要哭，我总是马上采取措施。(43.3%) ·如果我感觉宝宝是在要脾气，就会等着，让他哭一会儿 (56.6%)
你们认为宝宝会被宠坏吗？ 让宝宝自己一个人去克服困难，会让孩子产生被抛弃的感觉吗？	不会 (33.3%)。 会 (66.6%) 不会 (66.3%) 会 (31.6%)
如果宝宝是因为故意要脾气而哭，让他哭一会儿不去管他，会给宝宝的心理造成影响吗？	会，多年以后会 (13.3%) 不会 (63.3%)
你们会用什么方法让宝宝平静下来？	我会马上采取措施，把他抱在怀里。(1.6%) 我会采取措施，但不会把他抱在怀里。(45.0%) 我会等一会儿再采取措施。(51.6%)

从收集的信息可以看出，大部分（66% 以上）意大利的妈妈认为：

- 大多数情况下，孩子哭是在耍脾气。
- 孩子哭的时候，最好不要马上去管。
- 孩子哭的时候不回应，也不会给他（她）的心理造成长期的影响。

下面是另一个补充信息：

哺乳的妈妈可能由于跟宝宝的关系比较亲密，她们更倾向于认为婴儿谈不上会被"宠坏"，她们也更相信婴儿只要哭肯定是不太舒服，有时候可能只是因为离开了妈妈的怀抱宝宝就开始哭，但是这也说明脱离妈妈的身体肯定是给他造成了不舒服的感觉。

但是，所有的妈妈一致认为，让孩子自己哭一会儿并不会让他们产生被抛弃的感觉。哺乳的妈妈虽然感觉孩子的哭声"令人心碎"，但是她们行动上并没有比其他妈妈更积极，她们也没有立刻去把孩子抱在怀里给他喂奶。她们认为孩子哭的时候不立刻采取措施并不会给他的心理造成什么消极影响。

比较年轻的妈妈更倾向于认为 5~7 个月以后啼哭是孩子耍脾气的表现，是一种"坏毛病"，但是她们同时也比较害怕让孩子自己哭而不去管会给孩子的心理造成影响。因此，跟其他妈妈相比，她们更倾向于在孩子哭的时候马上去管，但是她们不太采用把孩子抱在怀里这种方式。

第五章

不"会"睡觉的宝宝

菲利普的第一个星期天

我叫费尔南达，今年34岁，几天前我的儿子菲利普出生了。星期天的时候，亲朋好友都来家里庆贺，场面一片混乱……大家都争着来看菲利普，他们亲他、轮流抱他，一边拍手，一边大声欢呼、赞叹。终于熬到了晚上，我真的快累死了。我咬紧牙关，用尽最后的力气给菲利普换了尿布，给他喂了奶，最后把他放到了摇篮里，拉上了天蓝色的蚊帐。我的丈夫弗兰科一天下来也忙得心烦意乱，但是这也耽误不了他看电视，因为那天有足球锦标赛的最后一场比赛。"这样也好，他在这儿看电视没人妨碍我睡觉了……"我心里想。

菲利普吃完奶就睡着了。我正要钻到被子里去睡觉，突然听见婴儿的哭声传来。我连忙冲到菲利普的房间，把他抱起来从头到尾仔细检查了一遍，但是看起来一切正常。

我把奶嘴放到他嘴里，用摇篮摇了他一会儿。菲利普马上就平静下来，重新入睡了。我又在那里观察了他一会儿，听到传来外面球迷的喊叫声以及解说员激动的呐喊声，我心想一定是这些动静把菲利普吵醒了；我把他的房间门关上，就回去睡觉了。我困得要死，可是却睡不着。

我忽然想到，如果菲利普哭了怎么办？关着门他哭了我也听不到，所以我又起来去把他的房门打开。还没等我离开他的房间，菲利普又哭醒了。我把他抱起来，又把奶嘴放到他嘴里，然后轻声哼唱了一首童谣。他马上就不再哭了，慢慢地睡着了。

"快睡吧小家伙……"我想。

我气冲冲地走进客厅，对我丈夫喊道："现在跟以前不一样了，你当爸爸了！你没听到你儿子哭吗？你起码要把电视音量关小点吧？！"他一脸茫然地看着我，好像没听懂似的。我夺过遥控器想把电视关掉，慌乱之间却错按了音量键，我狠狠地一按，音量一下子飙升到了最大值。幸好菲利普没被吵醒。我回到卧室，但是刚躺到床上就又听到了哭声。"是菲利普！"我马上朝他的房间跑去。我根据味道判断，他应该是拉粑粑了，于是我把他拎起来准备给他换纸尿裤，但是我发现尿裤还是干的，他没拉也没尿。"那是怎么回事呢？我不论怎么哄他都一直在哭，肯定是婴儿常见的肠绞痛。"我心想。于是我又开始给他按摩肚子。但是还是没用，他的哭声更响了。"难道是饿了？可是一个小时前刚刚才吃过。不过他们说这也是有可能的，因为有的宝宝生下来就是大胃王……"所以我决定喂喂看，菲利普含住乳头，吃了大概一分钟，然后又开始放声大哭，而且比之前哭得还凶。我已经困得睁不开眼了，站都站不住了，我感觉自己被折磨得不行了。我实在是没有别的办法，只能把他带到了我和丈夫的房间，虽然儿科医生不建议甚至是禁止我这样做。一会儿我丈夫进来了："那我呢？我睡哪里？睡摇篮吗？"语气里充满了讽刺。

"你爱睡哪睡哪！"我冲他喊道。菲利普吓了一跳，又开始呜咽地哭。"看你干的好事！你又把他弄哭了！"我对我丈夫说，"你真的不能控制一下自己吗？现在家里不是只有我们两人了！"我当时真想掐死他！

这种混乱的"夜生活"对有小孩的家庭来说都不陌生。费尔南达、菲利普和弗兰科的故事每天都在我们国家各个角落的公寓里上演。

理解宝宝为什么哭并做出正确的回应，是新手父母需要面对的最困难的挑战之一。挑战成功的一个必要前提是父母要明白哭只是孩子发出的一种信号，一种需要我们理解和回应的信号，而不是什么需要根除的坏习惯。

第一次听到菲利普哭的时候，费尔南达意识到自己必须要采取措施，于是给了他奶嘴，并用摇篮摇他。

第二次哭的时候，费尔南达采取的方式更加粗暴了，她怀疑菲利普排便了，于是着手给他换纸尿裤。大半夜被脱光衣服，对不懂事的婴儿来说也不见得是件开心的事，菲利普自然是要反抗的。但是妈妈没明白他的哭声是表示抗议，还以为是肚子疼，于是小家伙

又被拖着来了个夜间按摩，还被强迫喂了一次奶，最后妈妈把他放到大床上以后，他终于能够感受着妈妈的温度、闻着妈妈的味道入睡了。

1. 婴儿的睡眠与成人不同

如果费尔南达事先了解一岁以前婴儿的睡眠情况跟成人的区别很大，那么菲利普晚上哭的时候她可能就能采取正确措施，不必这么折腾。虽然说婴儿一天中的大部分时间都在睡觉，但是他们还没有建立起专家们所说的"昼夜节律周期"，即睡与醒的状态以 24 小时为周期交替进行的规律。婴儿接近 4 个月大的时候，机体才会启动调节身体节律的复杂机制，其中最先开始的是皮质醇（一种调节新陈代谢的激素）的周期性（以 24 小时为一周期）代谢：从这时候开始，婴儿才能够形成白天清醒、晚上睡觉的规律。

而且，婴儿的睡眠质量也不一样。年龄较大的儿童和成年人深度睡眠可以达到几个小时，然后才进入波动期（快速动眼期），但是婴儿被放到床上以后，可能马上就会进入波动期：他们会动，身体某个部位会像抽搐一样震颤，会低声呜咽或发出别的声响，眼睛会移动，胳膊也会动。因此，他们的睡眠深度是不稳定的。

孩子的睡眠分为三个不同的阶段：

1）深度睡眠期

婴儿进入深度睡眠期后睡得非常沉，我们就算把广播的音量开到最大也不会吵醒他。这个阶段婴儿不会动，心跳有规律，呼吸平静而均匀。

2）波动睡眠期

这个阶段婴儿身体是放松的，但是眼球会转动，因此这个阶段也被称作快速动眼期（英语是 Rapid Eye Movement，常缩写为 REM）。婴儿的眼球会在眼睑下快速转动，这是大脑在活动的标志。婴儿在这个阶段会做梦，会表现得很激动，会翻身，摆出千奇百怪的睡姿。

在最开始的几个月，婴儿 REM 阶段能占到总睡眠时长的 50%。随着孩子的长大，这个阶段会逐渐缩短，宝宝 2 岁左右时 REM 占总睡眠时长的比例降到 20%~25%，此后基本维持在这个比例。

3）浅度睡眠期

这是深度睡眠期和波动睡眠期之间的过渡时期。宝宝可能会醒，会轻声啼哭或尿床，但是之后会再次睡着。这个时期宝宝很容易受到干扰。我们往往听到孩子哭了一声就马上过去动他，但是如果孩子处于浅睡眠时期，我们这样做就会把他完全弄醒，使其很难再次入睡。

2. 如何重新哄孩子入睡

那天晚上他怎么都安静不下来。我尝试了所有的方法，抱着他跳舞，关掉电视的声音只给他看画面，给他唱摇篮曲……天哪！什么都没用，他的哭声越来越响。最后我放弃了，把他放到摇篮里就走开了。但是过了一会儿我又放心不下，于是又回来看他。没过一会儿，他竟然睡着了，简直是魔法显灵。

（维托里亚，33 岁）

婴儿通常需要 1 分钟到 1 分半的时间才能意识到自己醒了，如果我们看着手表计时的话，这实际上是非常长的一段时间。

"听到婴儿刚哭了一声，就冲过去把他抱起来的做法是不妥当的，"非常善于安抚儿童的美国保育专家、助产师特蕾西·霍格（Tracy Hogg）在她的《婴儿的秘密语言》（*Secrets of the Baby Whisperer*）一书中写道："可以先做 3 次深呼吸，这样可以帮助我们集中精力，让我们的感觉更加敏锐，因为孩子一哭我们就常常心绪不宁，不知道要干什么。然后仔细听，因为哭是孩子的语言。这里我们所做的停顿，并不是为了不管孩子任由他们哭，相反，是为了更好地倾听和理解孩子想要告诉我们的内容。"

停顿时间一过，我们就必须要采取行动了。大量研究表明，一旦超过了这个限度，婴儿就会完全清醒过来，这时候就很难再次入睡了。我们让婴儿哭的时间越长，他重新入睡所需要的时间也就越长。

统计数据显示，重新哄宝宝睡着所需要的时间是我们让孩子哭的时间的 3 到 50 倍，比如我们在停顿时间过后又等了 2 分钟才采取行动去管孩子，则我们需要"奋战"最少 6 分钟（$2 \times 3 = 6$），最多 100 分钟（$2 \times 50 = 100$），才能让孩子重新睡着。

经常犯的一个错误

　　家长们经常犯的一个错误就是，误把宝宝睡梦中的正常反应当作是身体不舒服的表现，或是误以为宝宝在召唤让家长过去。婴儿的睡眠比成年人波动性更大，每个夜间他们都会经历至少5个波动睡眠期（快速动眼期）。从波动睡眠期过渡到平静睡眠期的过程中，宝宝可能会说话、哭或翻身。尽管他会做出各种动作，但是他还处于睡眠状态。这时候如果我们把他抱起来，只会让他彻底醒来，他的节奏一旦被打乱，就很难重新恢复正常。

　　这样一来，宝宝可能就无法顺利地经由梦境进入深度睡眠中：有可能每个波动睡眠期结束后，宝宝都会醒一次（每隔1小时或2小时），因为在我们的刺激下他的机体建立了一种错误的反射，导致他在每个"梦"结束后都会醒一下。

　　这是导致1岁以内的小孩出现睡眠障碍的重要原因之一：我们本来是想安抚宝宝，实际上却是在阻止宝宝睡觉，使他的睡眠障碍更加严重。

第六章

夜间肠绞痛：一种肠道反应

我女儿一到晚上就让人心惊胆战，天天如此。一到晚上6点（我真怀疑她是不是吞下了一个闹钟！），小家伙就准时开始哭，她挺直双腿，攥紧小拳头，哭得非常痛苦，好像包括妈妈在内的全世界的人都不要她了似的。我用尽了所有办法都没办法让她安静下来。我也带她去看了儿科医生，医生告诉我一切正常，的确是啊，她看上去就像一朵阳光下的花朵，绽放着健康的光芒。但是看到她哭得这么痛苦，我的心都要碎了。我把她放在摇篮里摇，给她唱世界上最甜美的摇篮曲，但是都没有用，一点用都没有。我真是一点办法都没有了。

（多纳泰拉，23岁）

几年前，我对肠绞痛的看法发生了变化。有一位妈妈抱着孩子来到我的工作室，她想知道自己的宝宝为什么每天晚上都哭得这么厉害。我给孩子做了检查，他非常健康。我对孩子的妈妈说："是肠绞痛。"这位妈妈非常生气地看着我说："您不知道孩子是什么毛病就说他是肠绞痛吗？"她说得对。我经常咨询的一位胃肠病学家有一次也告诉我说："肠绞痛，其实就是'我不知道'的一种更委婉、更优雅的说法。"

（玛丽亚路易莎·维拉尼，儿科医生）

每天晚上成千上万的妈妈们都遭受着跟多纳泰拉一样的折磨。而且，周围的亲朋好友给出的建议五花八门："你可以泡点茴香茶""你不要吃奶酪"。有的也会责备你："你应该用母乳喂他的！""是压力太大造成的，你肯定刺激到他了……""你不能让你妈带小孩，她这个人太焦虑了……"

过去人们都相信孩子肠绞痛，是因为照顾孩子的人太过焦虑，甚至有很多儿科医生也支持这种观点，其中包括伟大的马切洛·贝尔纳迪（Marcello Bernardi）。1972 年，他在《新时代的儿童》一书中写道："导致肠绞痛的原因是妈妈过于焦虑，妈妈一刻也不能忍受孩子哭啼，于是，孩子只要一哭，她就马上就递上奶嘴、洋甘菊茶或水，她怕孩子饿、渴、肚子疼或有其他不舒服的地方。于是，孩子就这样把妈妈的焦虑'吸收'进去了……"

但是事实真的是这样吗？今天，大量的调查研究表明，患有肠绞痛的孩子往往对刺激非常敏感。在刺激的作用下，他们的肠道会做出反应：肠道中的气体累积，肚子变得很胀，而且越是哭，肠道中累积的气体就越多。有时候导致肠绞痛的原因完全是生理因素，比如妈妈吃了某种宝宝不耐受的食物。当然，妈妈如果过于焦虑和紧张，的确有可能会使宝宝更难平静下来，给宝宝造成一定的影响，但是过去把孩子肠绞痛完全归咎于妈妈的说法是不对的，妈妈的焦虑并不是导致宝宝肠绞痛的原因。

典型的肠绞痛发生时，宝宝吮吸几口乳汁后就会马上尖叫着哭起来，因为吃进去东西以后，婴儿消化道内会发生一种叫作"胃结肠反射"的特殊活动，在这一反射的刺激下，肠道蠕动会加快，但是如果肠道蠕动过快，腹部累积的气体过多，就会立刻引发痉挛。小家伙会把双腿蜷缩在肚子上，小脸憋得发紫。最后，宝宝一般会通过放屁来排出气体。

有的时候孩子哭跟肠胃没有关系。宝宝一开始吃奶就放声大哭，我们前面已经提到，这可能是由于妈妈乳汁的量太足，小家伙感觉快要"窒息"了。

1. 导致肠绞痛的原因

但是大多数情况下，引发肠绞痛的确切原因到底是什么我们还不清楚：孩子一直哭，但我们却不知道为什么。无论肠绞痛到底是由什么原因引起的，有一点是大家公认的：肠绞痛来无影去无踪，不会在孩子身上留下任何不良后果。

由英国布里斯托尔大学的心理学教授迪特·沃尔克（Dieter

Wolke）领导的一组研究人员曾做过一项研究，这项研究历时多年，直到 2002 年才结束。研究结果表明，从小患有肠绞痛的孩子其成长发育过程完全正常，不会受到影响。所有案例中，只有 2%~5% 的孩子后来出现了机能亢进，这个数值在正常范围之内。

美国育儿专家桑迪·琼斯（Sandy Jones）从 20 世纪 70 年代开始就致力于这个小儿肠绞痛问题的研究，他给出了一个非常有趣的解释："现在很多儿科专家更倾向于把肠绞痛看作是孩子的一种先天机制，这种机制迫使父母改变原来的习惯，承担起作为父母的责任，给予刚诞生的小生命更多的关注，帮助他们茁壮长大。如果这个新来的小家伙不通过哭来宣示他的存在感，那么爸爸妈妈就还会像原来一样去生活。而肠绞痛则迫使他们给予孩子更多的关注，跟孩子说话，更长时间地把孩子抱在怀里。这是帮助父母完成角色过渡的一种非常有效的仪式，虽然有些折磨人，但是可以催生出新的家庭秩序和生活模式。"

那么，如何判断孩子的哭是因为肠绞痛还是因为其他地方不舒服呢？我们列出了一些典型的肠绞痛的特征：

- 去医院仔细检查后，各项检查结果都显示宝宝非常健康。
- 下午或晚上开始发作。
- 宝宝会把腿蜷缩在腹部，拼命哭喊，哭声非常刺耳。
- 每天至少会疼 3 个小时。
- 每周至少发作 3 次。
- 连续发作至少 3 周。

肠绞痛始于婴儿出生后的 3 周内，到第四周时达到顶峰。一般来说，很少会持续到第四个月，因为婴儿到了 4 个月以后已经建立起了比较规律的睡眠节奏，而且各方面能力基本健全，能够欣赏周围环境的美妙之处了：小家伙能看到距离自己相当远的东西，并被这些新奇有趣的东西所吸引，他还会通过吮吸手指来安抚自己，同时，肠道的功能发育成熟了，很多由乳汁引起的不耐受现象也将随之消失。

　　如果我们确定宝宝不是肠绞痛，只是"不舒服"，那么我们需要注意两点：

　　· 注意寻找宝宝不舒服的原因，而且这个原因有可能每天都不一样。

　　· 要随时做好准备，在宝宝哭的时候及时采取行动。为了做到这一点，我们首先要端正态度，认识到宝宝哭并不只是为了吸引我们的注意力或者控制我们。如何看待宝宝的行为，会直接影响我们对待宝宝的态度。

　　我们的女儿是肠绞痛女王。她每天下午 3 点开始哭，一直哭到半夜十二点。即便不是肠绞痛的时候，她也是个要求很高的宝宝。其实是不是肠绞痛引起的啼哭很容易看出来：如果她只是因为要求没有得到满足而感到不开心，我把她抱起来哄一哄她就不哭了，但是如果是因为肠绞痛，无论怎么哄都没有用。

　　　　　　　　　　　　　　　　　　（鲁多维科、克里斯提娜）

意大利米兰儿科医生费德里卡·斯普雷亚菲科（Federica Spreafico）说："我根据自己作为儿科医生的工作经验，总结出了婴儿的三种类型：一种是过度敏感的婴儿，他们特别爱哭；另一种是要求比较高的婴儿，如果不把他们抱起来，他们的情绪就变得非常激动；还有一种是患有肠绞痛的婴儿。其实大多数情况下都是有一个理解的问题，我们如何看待孩子的行为，很大程度上决定了我们会做出什么样的回应。"

2. 哪些姿势可以缓解宝宝的痛苦

确定宝宝哭不是因为有其他疾病、只是因为肠绞痛之后，我们首先要做的一件事就是耐住性子，不要着急。然后我们可以尝试一些帮助缓解症状的小窍门，虽然这些做法不能从根本上解决问题，但是有时候效果却很显著。我们可以根据自己的直觉，每次换不同的方法尝试一下，说不定就能创造奇迹。

下面的这些做法，可以帮助宝宝缓解肠绞痛带来的痛苦：

• 飞机抱：让宝宝趴在我们的前臂上，头枕在我们的肘弯里，手掌托住宝宝的腹部轻轻挤压，同时另一只手扶住宝宝背部。

• 让宝宝趴靠在我们胸前，用双手扶住他的屁股。如果想帮助宝宝排出体内的气体，可以拿着他的小腿做骑自行车运动。

• 第三种做法比较适合爸爸们：把宝宝抱在怀里，让他的头靠在我们的下巴下方，然后给他唱一支摇篮曲或一首我们喜欢的歌。

为了让宝宝更放松一些，可以配合轻柔的舞步，或者比较有节奏地走来走去。如果会太极就更好了，因为太极步伐的特征是身体的重心从一条腿缓缓地移动到另一条腿上，这种感觉会让宝宝回忆起在妈妈肚子里时的那种感觉，因此很容易让宝宝平静下来。

什么情况下必须要带宝宝看医生？

如果宝宝一直哭，体重没有明显增加，或者呼吸道或肠道有问题，这时候一定要带他去看医生。

引起这些症状的原因，有可能是胃食道反流、人工奶粉过敏，也有可能是妈妈摄入了某种宝宝不耐受的食物，然后通过乳汁进入宝宝体内引起了反应。其中，牛奶和核桃是经常引发婴儿不耐受的两种食物。

第七章

跟宝宝建立亲密的关系

那时候我非常绝望。因为我是完全按照儿科医生的建议带孩子的，可是小家伙还是整天哭，体重也不增加。我带他去了诊所，有位护士告诉我："你用宝宝背袋把他绑在你身上，让他的脸朝向你，这样他想什么时候吃奶就可以自己去吃。"

虽然我觉得这种做法很奇葩，但是……还是值得一试。自从我尝试这样做之后，宝宝想吃奶的时候就自己吃，有时候一天甚至能吃 10 次。我开玩笑说这可真是"送货上门服务"。这样一来，他天天长在我身上，也就没有必要通过哭来喊我去过看他了。他的体重开始增加了，而且也确实不再哭了。

（安娜玛利亚，24 岁）

英国精神分析学家约翰·鲍尔比（John Bowlby）认为，婴儿总是想要黏着妈妈,这种需求其实是远古时期遗留下来的一种"痕迹",因为那时候我们的祖先所生活的环境非常险恶,跟母亲黏在一起是幸存下来的必要条件。石器时代,孩子自己会紧紧抓住妈妈的脖子,只有这样才能逃脱野兽的毒牙。这个姿势对妈妈们来说也比较方便,因为她们必须得解放出双手,跟威胁到孩子安全的动物进行激烈的斗争。

1. 身体接触:宝宝背带的重要作用

在当今时代,宝宝背带发挥着重要的作用。因为父母用背带把宝宝带在身上,宝宝可以跟父母保持不间断的身体接触,于是就不再感到害怕和孤单了,也不担心自己会被抛弃了。大量调查研究表明,跟那些被扔在摇篮里的孩子相比,被爸爸妈妈带在身上的宝宝变得独立的时间要提前很多。

德国法兰克福大学体育科学研究所的教育学家恩斯特·J. 吉普哈特(Ernst J. Kiphard)认为:"用背带把孩子带在身上,可以根据每天不同时间的需要变换各种姿势,可以抱在怀里,背在背上,也可以抱在身体一侧。这样带大的宝宝,比整天躺在摇篮里、保持同样的姿势的宝宝发育得要好。"

把宝宝"穿在身上"可以给予孩子最宝贵的心灵财富

吉普哈特解释说,父母一般只有需要让孩子停止哭泣或安抚宝宝的时候才会把他抱起来。他们的观念是宝宝大部分时间都会自己乖乖地躺在摇篮里，安静地观察挂在摇篮上方的玩具，需要喂他吃奶的时候或需要哄他一会儿的时候才会把他抱起来。

但是，把孩子"穿在身上"的做法却完全颠覆了这种观念：小家伙会亲身参与妈妈或爸爸这一天中的各种活动，只有当父母需要做自己的事情的时候，才会把宝宝放在婴儿床上。

背带里的宝宝全天都跟妈妈或爸爸有身体接触，他随着父母不断地动来动去，亲眼看见、亲自接触身边发生的所有事情。因此，跟待在摇篮里的孩子相比，背带里的孩子接受的刺激更多，他们的大脑也就发育得更好。

不仅如此，妈妈不停地活动，会促进宝宝皮肤感受器的发育；一天中变换各种姿势，又会刺激宝宝神经系统和肌肉的发育，因此用背带把宝宝带在身上，对宝宝整体的身体发育非常有好处。同时，与父母持续的身体接触能传达给孩子安全感，对孩子的心理健康和社交能力的培养有着不可估量的意义。

吉普哈特总结道："在父母身上度过的日子里，孩子所获取的所有经历，就像是电影的片段，会被收录到孩子大脑的图书馆中，日后会变成让他受益终生的宝贵财富。"

与父母持续的身体接触所带来的成效是非常显著的。各种调查研究表明，每天被父母"穿在身上"3个小时以上的宝宝，哭泣的时间要比平均值低45%。这一数据也得到了人类学家的证实，他们观察到有些民族的传统就是把孩子时时刻刻带在身上，在这些地方的孩子很少哭，他们啼哭的时间是以分钟计算的，不像在西方国家要以小时为单位。

宝宝背带也可以治愈出生创伤

一些学者认为，宝宝背带可以作为一种治疗手段，治愈出生创伤。宝宝来到这个世界的过程非常不容易，粗暴的分娩过程过后，他们脱离温暖而安全的母体来到了阳光下，心理上难免留下创伤。而背带的出现缓解了这种创伤，因为宝宝虽然从妈妈肚子里出来了，但是仍然可以紧紧地贴着妈妈的身体，继续感受妈妈的体温，享受妈妈身体的晃动带来的愉悦感觉，这可以带给宝宝巨大的安全感，在妈妈肚子里待了那么久，他对这些感觉再熟悉不过了。

而且，宝宝如果天天待在摇篮里，那么他只有在吃奶或妈妈抱着哄他的时候才能跟妈妈有身体接触。这样一来，宝宝就需要投入更多的精力来使自己保持一种平衡状态，他要学会如何让自己的动作更加协调，如何调整呼吸的频率，如何安稳地睡觉，等等。相反，被父母用背带带在身上的宝宝，完全不用担心这些事情，所以他们能够把节省下来的能量更多地投入身体发育和智力发育中去。下面我们就来看看这是怎么回事：

• 当我们用背带背着宝宝时，宝宝伏在妈妈的背上，就像拥有了一座属于他自己的天文台，他可以集中精力观察研究眼前的世界，刺激视觉器官和听觉器官尽早发育完全。

• 当我们用背带抱着宝宝，让宝宝面向我们的身体时，小家伙的眼睛离我们的脸有 15~20 厘米，这正是他们观察事物的最佳距离。我们说话的时候，宝宝可以清楚地观察到我们的口型和面部表情，这对处于语言学习阶段的宝宝来说是最根本、最有效的刺激。

• 当我们用背带抱着宝宝，让宝宝背对我们的身体时，小家伙的视角非常广阔，180度的全景图展现在他面前，在这个全景图中，他可以任意选择自己想要仔细观察的事物，从而最大限度地激发他的学习能力。

• 当我们用背带抱着宝宝，让宝宝斜躺在我们怀里，小脸靠近妈妈的胸部，这时候宝宝就可以听到妈妈的心跳，感受到妈妈呼吸的频率，重新找回陪伴过他 9 个月的那种熟悉的感觉。定期感受妈妈身体的节律，也有助于小家伙调整自己的节奏。

让孩子参与到我们的生活中

每次我拿起背带系在身上，我的儿子费德里科就会兴奋地抬起小胳膊，看上去好像迫不及待地要到我身上来，急切地想要重新进入我的世界。

(玛利亚·路易莎，费德里科的妈妈)

坐在背带里的宝宝能看到父母所看的东西，听到父母的声音以及跟父母说话的人的声音，他们的平衡能力也会更强，因为妈妈（或爸爸）走动的时候，他们要学会保持平衡。总而言之，把宝宝带在身上，可以让他们直接参与到妈妈（或爸爸）的生活中来。

从某种程度上来说，宝宝也能感受到父母的情绪，经历父母所经历的事情。通过皮肤接触，宝宝"切身"（这里完全体现了这个词的本意）体会到妈妈或爸爸的肢体语言、声音和语调的变化以及情绪的波动。他们会"察言观色"，能区分妈妈或爸爸表情上的细微变化。

从父母的角度来说，由于跟宝宝时时刻刻都有身体接触，因此会自发地不断跟宝宝互动，即使没跟他说话，也完全可以让宝宝参与到我们的生活中来：小家伙能闻到食物的香气，听到洗衣机里哗哗的水声，听到吸尘器发出的噪声以及我们在电话里的对话。他一天都在不断地发现新的声响和气味。

"日常生活中的各种声音常常会吓到婴儿，但是经过母亲身体的过滤，这些声音就被'妈妈化'了，"弗朗索瓦兹·多尔多（Franoise Dolto，1908—1988）写道，"我们的话语和动作，会给这个世界镀上一层温柔的光芒，让孩子感到安全。如果没有我们的参与，他所能感觉到的只是这个世界的恶意，因为世界传达给他的都是一些无法理解的刺激。"

用背带带着宝宝活动的注意事项

一开始使用背带的时候，要注意用手保护好宝宝，防止因为失去平衡而跌倒。等慢慢习惯了以后，我们才能解放出双手去处理其他的事情，但是仍然要注意以下事项：

·如果我们要拿地上的东西，一定要屈膝蹲下，而不是弯腰，不然很容易带着孩子一起跌倒。

·我们要去厨房里拿刀子切东西，或在靠近烤箱的地方，或是喝热水和热饮料的时候，最好不要带着背带里的宝宝一起去。因为宝宝万一突然动一下，就可能被烫伤或割伤。如果是比较大的宝宝，他的小手很喜欢从架子上抓握东西，我们一定要当心，免得弄倒东西误伤到孩子。

·我们穿过门或转弯时，不要忘了身上还有个"小障碍物"，要当心别让宝宝撞到家具或柱子上。

·把孩子带在身上骑自行车非常危险，因为小家伙的体重会改变我们的重心，很容易让我们失去平衡而栽倒，造成灾难性的后果。

如果把宝宝带在身上的是爸爸

当我第一次用婴儿背带把我儿子绑在身上时，小家伙蜷缩在我的胸前，我带着他一起走动，心里竟然有一种非常圆满的感觉。有时候我连续几个小时一直把他带在身上。跟他待在一起我才感觉自己是"完整"的，如果他没在我身上，我就会觉得好像缺少了什么东西。

（文森佐，9 个月的马可的爸爸）

把宝宝"穿"在身上对爸爸来说是一种很珍贵的体验，可以加深爸爸和孩子的关系，而且爸爸可以体会到某种类似妈妈怀孕期间的情感。

通过这种方式，爸爸和宝宝之间会建立起一种非常亲密的关系，如果每天只是把宝宝抱在怀里哄一会儿，是达不到这种亲密程度的。

• "魔法呼吸"的姿势。用背带把宝宝抱在胸前，让宝宝面对着爸爸，小脑袋靠在爸爸颈部下方的凹陷处，然后爸爸用下巴轻轻抵住他的头顶。你会发现，这是安抚宝宝最好的方式，尤其是如果再给小家伙唱一首摇篮曲，他很快就能安静下来：宝宝的耳朵会贴着爸爸的喉部，爸爸声音浑厚，发出的声波振动频率比较低，能让小家伙感到非常放松。此外，爸爸的呼吸还会轻轻掠过宝宝的小脸或头顶，像是一种温柔的爱抚，起到非常有效的催眠效果，所以我们将其称为"魔法呼吸"。

• "紧贴心脏"的姿势。我们也可以不让宝宝的小脑袋卡在爸爸颈部下方的凹陷处，而是直接靠在爸爸的胸前与心脏齐平的位置。爸爸温暖的体温，还有心脏的跳动，伴随胸部有节奏的一起一伏，再加上走动时摇摇晃晃的节奏，给宝宝带来一种无法抗拒的放松的感觉。

2. "袋鼠保育法"

现在世界上很多地方的儿童科室都推荐家长使用"袋鼠疗法"：早产儿不再需要氧气和静脉注射营养物质，医生会让妈妈穿上婴儿背带把宝宝抱在怀里。妈妈走动的节奏能起到很好的安抚效果，而且宝宝只要饿了就可以马上把乳头含在嘴里吃奶，使这些早产的小家伙恢复速度非常之快。

这种治疗方法是 20 世纪 80 年代初由哥伦比亚人发明的。当时哥伦比亚由于没有早产儿保育箱，70% 的早产儿都会夭折。因此，医生决定让妈妈们把各自的宝宝带回去，用一块布把宝宝绑在胸前，一天 24 小时都是如此，这样宝宝想吃奶的时候随时都可以吃。推广了这种方法以后，新生儿的死亡率迅速下降了。直到今天，在哥伦比亚的首都波哥大（Bogotà），早产儿出生 24 小时以后还是会交给他们的妈妈自己带。

　　"袋鼠保育法"的效果非常显著：早产儿采用"袋鼠保育法"后，可以避免产生心动过缓（心律不齐）的症状，出现呼吸暂停的概率也可以减少 75%。

　　此外，"袋鼠保育法"可以帮助宝宝迅速增加体重，延长宝宝睡眠时间，显著减少宝宝哭的时间和次数。由于跟妈妈的身体直接接触，宝宝的体温也更为恒定。研究确实表明，当宝宝的体温下降时，妈妈的乳房的体温会相应地上升，从而帮助宝宝恢复体温，而且反应非常之灵敏，可以在 2 分钟内迅速上升 2 摄氏度。

　　这种方法对心理产生的积极影响也同样显著：父母会感觉跟宝宝更亲近，很快就能跟宝宝建立起某种深层次的联系，而且会感到自己能够掌控局面，增强父母的自信心。

　　　　　　　　　　　幸福的浪花

　　人们研究了婴儿在"袋鼠保育"期间脑电波的变化，发现了两个重要特征：

1. 阿尔法脑波的量翻倍。阿尔法脑波的振荡频率在 7 到 13 赫兹之间，这种脑波与机警但放松的精神状态密切相关，当人感到满足和幸福时，会产生这种脑波。

2. 产生新的突触，即神经元末端的分支，是传递大脑神经冲动所必需的一个结构。

"袋鼠保育法"对任何孩子都是很宝贵的，调查研究表明，这种方法对于治疗儿童发育迟缓、肌肉失调和多动症都有重要作用。

3. 宝宝想要找回自己的"巢穴"

昨天凌晨 3 点，我听到乔纳森在叫我。我很担心，连忙跑去他的房间。但是我看到他很平静地躺在自己的小床上，看到我过来，他像个小大人似的对我说："妈妈，我又掉出来了。"虽然他吐字还不清楚，但是我知道他的意思是说"我露在被子外面了"。他就为了这么点事把我叫起来，我真是不知道说什么好，但是我也不能抱怨，因为其实是我给他养成了这样的"坏毛病"。从他出生第一天开始，除非有极个别的特殊情况，他睡觉的时候我总是把他紧紧地裹在他的小被子里，因为这样他才能睡得特别甜。

（雷切尔，35 岁，乔纳森的妈妈）

把宝宝包裹起来的做法，在非常古老的时候就有了。公元 3000

年前的小雕像就展示了当时的人们将婴儿包裹起来，使其背靠一块小木板然后绑在一起，这就像是一种便携的摇篮，妇女们可以方便地带着婴儿四处走动。

到了 19 世纪，人们开始追求回归自然，认为行动应该自由，因此，大家开始觉得把孩子绑在木板上是一种野蛮的行为。

如今，这种形而上学的偏见不复存在，我们不像以前那么墨守成规了。像小乔森纳这样的宝宝，他们需要感觉"被包围"着。他们热情四射，创造力十足，精力太过旺盛，所以很难习惯睡觉时那种无聊单调的节奏，需要在我们的帮助下才能睡着。其实刚出生的那段时间，我们只需要像我们的祖先那样，把宝宝紧紧地裹在小毯子里，小家伙们就能平静下来。

圣路易斯华盛顿大学医学系进行过很多这方面的研究，他们发现把婴儿包裹起来可以帮助他们获得更好的睡眠。

"我们其实可以将婴儿出生后的前 12 周看作是孕期的延续，是'孕期的第四个 12 周'"儿科医生哈维卡普解释说，"从某种意义上来说，婴儿都是'早产儿'，他们渴望子宫带来的那种安全感，把婴儿包裹起来正好可以模仿这种感觉。"

法国睡眠专家珍妮特·布顿（Jeanette Bouton）写道："当处于漫无边际的时间和空间中时，人类找不到方向，感受不到自己的存在，然后就会对自己失去信心。为了让自己安心，他们需要感受到边界的存在，需要借助一种被挤压、受限制的感觉。"同理，婴儿也总是在寻找"巢穴"，他需要属于自己的界限，界限之内便是他

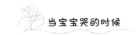

的庇护所；他想把自己藏在小窝里，获得私密感和安全感。

4. 音乐：令人放松的魔法

意大利语中"魔法"这个词写作"incantesimo"，它的词根是"canto"（歌声），其本义就是"把人带到歌声中去"，引申为魔法、美妙的意思。希望孩子能过上如歌般美妙的生活，是我们每个父母的夙愿。

最新科研成果显示，实现这一梦想的最好办法正是给孩子唱歌。玛丽·路易丝·奥彻（Marie Louise Aucher，1908—1994）是心理声音学的创始人。心理声音学，即研究人、声音、节奏和语言之间的关系的科学，她建议从怀孕开始，父母双方就要给宝宝唱歌：因为妈妈的音调比较高，可以引起宝宝上半身的振动，增强宝宝的运动协调能力；而爸爸的男中音则可以刺激宝宝身体的下半部分，使他的肌肉更加结实。

1995年《音乐疗法杂志》曾刊登过由 J·W·卡西迪（J.W. Cassidy）和他的团队所进行的一项研究。他们让一组早产儿在出生后的第一周内就开始听古典音乐，而且连续3天每天给他们听4次，每次听4分钟。实验结果表明，跟其他早产儿相比，听音乐的这些婴儿其血氧水平和心率的稳定程度显然更好，而且心动过速和呼吸暂停的发生率也更低。

一般来说医生都会建议避免给早产儿制造过度的刺激，这样看来，音乐或许是个例外。

如今，很多产科病房都给婴儿播放音乐。我们前面已经提到，音乐可以帮助宝宝调节呼吸和心跳节奏，除此之外，音乐对婴儿大脑皮层的发育还起着至关重要的作用。

特别要指出的是，有听音乐的习惯的孩子，他们对物体的空间想象能力更强，他们不仅能在脑子里刻画出物体的图像，还能进一步对这一图像进行加工处理，这是将来进一步开发培养大脑的高级功能所必不可少的条件，比如数学、逻辑推理、原子物理、计算机科学和象棋等学科都要求大脑具备这种能力。

音乐还有一个更朴实的功能，那就是哄孩子睡觉。那些特别敏感的宝宝听着音乐往往就能安静下来，不容易入睡的宝宝在音乐的陪伴下也能很快进入梦乡。市面上可以买到专门用来哄宝宝睡觉的光盘，但是我们也可以给孩子哼唱经典的摇篮曲，其旋律非常简单，前后变化不大，基本上是一直在重复。这些曲子历经时代变迁直到今天还奏效，是因为它们跟心跳的节奏相同，而且中间会有停顿，所以跟摇篮晃动时的节奏也非常相似。成年人也会受到摇篮曲的影响，因为跟婴儿一样，听着摇篮曲，人们就会自动调整心跳和呼吸的节奏。有时候成年人本来是要哼唱摇篮曲哄宝宝睡觉，结果倒是比宝宝先睡着了。

小家伙们喜欢莫扎特

·音乐学家唐·坎贝尔（Don Campbell）在《莫扎特效应》一书中表示，莫扎特和巴洛克风格的音乐可以刺激孩子大脑中的神经元之间产生新的连接线路（突触），可以同时促进右脑和左脑的发育，因此可以使大脑的两个半球的功能都更加完备。

·相反，像贝多芬和勃拉姆斯的那种比较焦躁的音乐，以及当代音乐家不谐和的曲子则不适合给宝宝听，因为这种音乐会让小家伙们感到不安。

·但是并不是所有的现代作曲家的音乐都不适合给孩子听，比如菲利普·格拉斯（Philip Glass）的音乐。实验证明，他的极简主义风格的音乐可以让听众感觉恍恍惚惚，进入一种深度放松的状态。

白噪声与低语声

音乐疗法研究人员发现，海浪的声音、下雨的声音或风吹树叶的沙沙声可以让人进入最大限度的放松状态，这类声音叫作"白噪声"，其特点是音调比较平缓，音量和声波振动频率没有起伏。

制造这种声音有一种简单有效的方法，即把收音机调到两个电台之间空白的频段上，这时候感觉上是听不到任何声音的，但事实上是在输出一种大脑可以接收到的"白色"声波，在这种声波的影响下，脑波会进行调谐。

这类声波的振动频率为每秒 8 个周期，跟大脑在放松状态下的 α 脑波频率相同，同时也跟地球的振动频率相同。

现在市面上可以买到专门用于助眠的音乐和白噪声光盘。

与白噪声具有相似功能的，还有耳边低语的声音。

第一次注意到耳语的重要作用的人是美国育儿专家特雷西·霍格（Tracy Hogg），她提出："每次婴儿哭的时候都把乳头塞到他嘴里是没用的，宝宝通过哭和肢体动作向我们传达的信息有很多种，我们要去理解他们到底想要什么，针对每种需求，我们需要采取不一样的措施，而且往往还需要发出声音去回应宝宝。"

霍格建议我们低声给孩子哼唱歌曲和摇篮曲，或者只是轻轻地发出塞塞窣窣的声音，就像刮风的声音："嘶—哧—……嘶—哧—……嘶—哧—"这样做是为了模仿婴儿在妈妈肚子里听到的羊水流动时发出的声音。婴儿再次听到这个熟悉的声响，会感觉非常平静，有助于宝宝建立起正确的生物钟，有规律地睡觉和进食。

5. 按摩：像春风一样温柔的爱抚

按摩如风之轻拂，内驱灵魂之不安，外保身体之轻盈。

（中国古代谚语）

我每天都会专门抽出 10 分钟的时间跟弗朗西斯卡待在一起。这是非常特别的十分钟，我会把这个习惯一直保持下去，无论如何都不会放弃。我提前刻录了一盘德彪西的《月光》钢琴曲，一到时间，我就会把灯光调暗，一边播放这个曲子，一边在地板上铺一条毛巾，然后把我女儿放到毛巾上，用涂了香香的按摩油的双手轻柔地给她

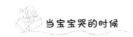

按摩。我常常刚一触碰到她的身体，她就开始冲我笑了。

（维罗妮卡，38 岁，弗朗西斯卡的妈妈）

直到 20 世纪初，衰弱症一直是孤儿院里的孩子经常患的病症。意大利语中衰弱症叫作 marasma，这个词的本义是"枯萎，凋谢"，这些患病的婴儿们确实就是"凋谢"了，因为他们缺少跟别人的皮肤接触，没有得到足够的爱抚。

婴儿必须要在爱抚中才能长大。《婴儿行为与发展》杂志上刊登过一项由美国研究人员进行的调查研究，他们选取了两组早产儿为研究对象，每天对其中一组的婴儿进行 3 次轻柔的按摩，每天按摩 3 次。10 天之后，接受按摩的婴儿比对照组的婴儿体重多增加了 21%，而且住院的时间也比早产儿平均住院时间少了 5 天。

按摩可以放松肌肉，让血液流动更加顺畅，从而给细胞输送更多的氧气和营养物质。按摩还可以适当降低心跳速度和血压，刺激血液循环和淋巴系统的发育，促进废物的排除，降低感染的风险。

此外，按摩对排出肠道内的空气、缓解肠绞痛也非常有效（参见"夜间肠绞痛：一种肠道反应"一章）

不仅如此，按摩除了能使父母和孩子之间的关系变得更加亲密，培养亲子之间深厚的感情，还能促进身体释放内啡肽（一种缓解疼痛的特殊氨基酸），放松身心，给人带来愉悦的感觉。

来自华盛顿乔治敦大学附属医院生物物理学院生理研究部的研究员坎迪斯·珀特（Candace Pert）是全世界最杰出的按摩专家，她认为："每周按摩一次，可以取代 90% 的药品。"

如果什么都不管用……

　　如果我们用尽了各种方法小孩还是哭，折腾了一晚上又困又累，这时候我们就耐住性子静静地听宝宝哭，努力表现出对他的同情，仍然像以前一样用爱和温柔去回应他。小家伙这时候会意识到我们的不离不弃，知道我们会一直陪在他身边，是他的"忠实粉丝"。可能有时候只需要这样做，宝宝就决定不再闹了，于是安心地进入了梦乡。

第八章

分离焦虑

我的宝宝安德烈已经 7 个月了，所以我决定重新开始工作。但是从我回去工作的那一天开始，每天晚上我亲吻他、跟他说晚安之后，脚刚一迈出他的房门，他就开始放声大哭，而且哭得非常伤心，他声嘶力竭地呼喊着，全身都变得通红，我很害怕他会窒息。他像是在惩罚我，惩罚我把他扔在家里去工作，没有时间陪他了。

（玛利亚·特蕾莎，32 岁，安德烈的妈妈）

　　心理学家称这种现象为"分离焦虑"，孩子哭得上不来气，这正是他们看不到妈妈的时候那种悲痛欲绝的感受的体现。七八个月之前，婴儿会认为妈妈就是自己身体的一部分，妈妈稍微离开一会儿他也意识不到，但是一到了七八个月大的时候，情况就会发生翻天覆地的变化：一方面，小家伙开始意识到妈妈跟自己并不是一个整体，而是两个不同的个体，另一方面，每次他看不到妈妈，却又想象不出妈妈在哪里，他害怕妈妈会永远地消失。

那么安德烈为什么晚上哭，而不是早上妈妈去上班前哭呢？

"这是因为到了晚上，黑夜笼罩着大地，这种黑暗激发了孩子内心最原始的恐惧，焦虑的感觉会一下袭来，让孩子失去控制，"迈阿密大学心理学和儿童精神病学教授蒂芙尼·菲尔兹（Tiffany Fields）这样解释道，"白天即使妈妈不在，孩子一般也能控制好自己的情绪；但是到了晚上，即便是他早就习惯了妈妈第二天要上班，也还是会不断地制造麻烦、闹脾气。他看到太阳光消失了，而且不确定第二天早上太阳还会不会重新升起来照亮自己的生活，他害怕妈妈也会这样消失不见。"

这就是为什么很多宝宝一到晚上就开始哭，而且任性地不肯睡觉，我们往往一概而论，把这些行为都称作是"耍脾气"，但是实际上孩子是想让事情处于自己的掌控之中，他们竭尽全力保持清醒，到最后实在是累坏了才肯去睡。

1. 哭是因为爱

心理学家一致认为，分离焦虑是孩子进入特定的发展阶段后的正常表现，一般从 7 个月后开始，到 1 岁时达到顶峰。但是，很多父母往往也正是在这个阶段必须重返工作岗位，或者感觉宝宝已经稍微大一些了，父母晚上就撇下他单独待在一起，或是出去跟朋友聚一聚。

如果换个角度想可能会让我们稍微宽慰一些，宝宝表现出分离焦虑，学会激烈地抗议，实际上标志着小家伙进入了一个非常重要的发展阶段：之前无论是谁来照顾他都行，他都接受，但是现在他有要求了，他更想让自己爱的人来照顾自己，一般来说这个人就是妈妈或爸爸。

想要度过分离焦虑的危机，孩子还需要满足另外两个条件：

• 要能够明白某个物体（这种情况下就是指照顾他的人）虽然不在自己的视力范围内，但仍然还是存在的，并没有消失（即物体恒久存在）。

• 当照顾孩子的人不在孩子身边的时候，虽然等待的时间漫长难熬，但是孩子仍然能够确信这个人还会回到自己身边的；这是一种更高级、更复杂的能力，孩子一般接近 2 岁的时候才能拥有这种能力。

因此，这种情况下孩子的哭其实代表着他的成长：小家伙想要掌控局面，因此他对任何的风吹草动都高度敏感。当我们离开他的时候他之所以会哭，其实是源于对我们的爱。

分离焦虑会在孩子出生后的第 7 个月或第 8 个月开始出现，"物体恒久存在"的概念大约在第 10 个月的时候就在孩子的小脑袋中形成了，但是很多孩子的这种害怕父母会消失的焦虑会持续到两岁或三岁，这很大程度上是由孩子的性格决定的。

"想要克服焦虑，"罗马儿科医生罗伯托·阿尔巴尼（Roberto Albani）解释说，"孩子必须要确定地知道妈妈无条件地爱着他，

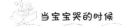
当宝宝哭的时候

不会因为任何的原因而离开他。这样他就会在自己的内心构筑起一个'内在母亲'的形象，这个想象出来的母亲形象能源源不断地带给他安全感。但是这个过程往往需要比较长的时间，一般来说，孩子具备这种能力的时候是在 2 岁以后。"

1.5~2 岁之间，儿童的"心智表征"能力逐渐开始发展。心智表征是一个心理学名词，意思是通过想象，在意识里重现某些当下感官无法察觉到的事物。

比如当我们出去的时候，孩子会通过想象我们的形象和回忆来安慰自己。他知道我们还会回到他身边的，现在他确定地知道虽然我们不在他身边，他看不见我们，但是我们还是存在的，没有消失。

也是在这个时期，孩子开始形成空间概念。妈妈没有消失，只是改变了位置，去了别的地方。如果小家伙看不到妈妈，他就以为妈妈去了家里的其他地方，他就会去其他房间找她。

孩子突然出现呼吸暂停是怎么回事？

当孩子剧烈哭闹或被吓到时，有可能会一口气上不来，出现呼吸暂停，面色苍白或青紫，四肢肌肉阵挛性抽动，有时甚至会出现短时间意识丧失（昏厥）。这些表现虽然很吓人，但是其实孩子并没有太大的危险，医生们称其为"屏气发作"。这种症状多发于婴儿 6 个月以后，持续时间很短，过后马上恢复。屏气发作并不是病，而是儿童表达某种强烈情感的一种形式，孩子用其他任何方式无法传达这种情感，因此别无选择，有时候可能他自己也是无意识的。

儿科医生罗伯托·阿尔巴尼（Roberto Albani）解释道："世界各地的研究人员进行过相关方面的无数调研，结果表明儿童并不像我们想象中那么脆弱，相反，他们的适应能力和恢复能力是非常强的。呕吐和呼吸暂停也未必能给孩子的健康造成任何威胁。不仅如此，孩子跟父母的感情是非常深厚的，有时妈妈拒绝他们的要求，然后他们就非常生妈妈的气，但是这种愤怒无论多么强烈都是暂时的，很快就会消散，而且也不会给母子关系留下任何烙印。"

当孩子屏气发作的时候，虽然很吓人，但是我们一定尽量要保持镇静。因为孩子其实是跟我们一样害怕的，他需要我们的安慰，这时候我们只要拥抱他就够了。危机过后，我们仍然要安抚他，让他明白我们在他身边，我们没有被吓到，这样孩子很快就会平静下来。但是为了避免再次出现这种情况，最好咨询儿科医生，寻求他的建议。

2. 家长的哪些做法会加重孩子的焦虑

孩子常常会在我们要出门的时候突然哭闹起来，这会让我们非常生气，我们觉得是孩子"太黏人"了，担心孩子依赖性太强，我们希望他变得独立。

对此，我们的做法主要有以下三种，每种做法的出发点其实都

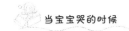

是避免引起孩子不必要的哭闹以及让孩子变得更独立一些。

- 只要是他要求，我们就会一直陪在他的身边。
- 我们会趁他不注意的时候悄悄溜走。
- 我们试图说服孩子让他自己待着，向他承诺如果他答应就给他奖励，或者威胁他说如果不答应就惩罚他。

但是这几种做法都是没有用的。下面我们就逐个分析一下为什么。

错误做法一：一直陪在他身边

有的父母完全放弃自己的事业和兴趣，一直陪在孩子身边，等孩子到了开始"厌倦"父母的年纪才重新开始去做自己的事情，这种做法是弊大于利的。

父母长期牺牲自己的利益去照顾孩子，难免会产生怨恨的情绪，而且这种情绪很难掩饰得住，结果就是我们变得越来越不耐烦，孩子则变得越来越挑剔。

精神分析学之父西格蒙德·弗洛伊德针对这个问题写道："为了避免看到孩子愤怒的样子，我们离开之后就不要回去看了，让孩子自己去应对分离后的问题吧。"

心理学家一致认为，与父母的短暂分离其实对孩子来说是非常重要的，是孩子实现心理健康发展所必需的过程。如果不让孩子逐渐习惯与父母的分离，孩子将无法迈出成长过程中非常重要的一步，他将无法理解一个关键的理念：视线范围内看不到的东西，并没有永远地从生命中消失。有时候虽然看不到妈妈，但是妈妈也还在，没有消失。

错误做法二：悄悄溜走

趁孩子不注意的时候悄悄溜走是我们最应该杜绝的一种做法。你走的那一刻孩子的确是没哭，但是等过一会儿孩子发现了，就会变本加厉地哭。

什么都不说就悄悄地消失，这种方法可能第一次很好用，或者如果孩子非常单纯、对父母非常信任，前几次都屡试不爽。但是这种做法的代价非常高昂。

孩子迟早会发现的，他们会突然感觉自己最相信的人也不可信：这就是日后孩子变得不自信的导火索。

孩子不仅会感觉自己被欺骗了，还会感到自己被抛弃了。贝瑞·T.布列兹顿解释说："成年人突然消失，孩子不明白他们是怎么消失的、什么时候消失的，就会撼动孩子好不容易建立起来的'父母和其他人恒久存在'的观念。"

不仅如此，突然消失的做法还会让孩子的分离焦虑更加严重。如果妈妈或爸爸不知道什么时候就会消失，孩子根本还没意识到发生了什么事就发现父母不见了，那为了确保他们不再消失，孩子唯一的做法就是时时刻刻"黏着"他们。

错误做法三：试图说服孩子自己待着

我们跟孩子承诺说如果他答应自己待一会儿就给他奖励，或者威胁他说如果不答应就惩罚他，但是最后孩子怎么都不同意，于是我们无奈地抱怨道："你自己待 5 分钟都不行吗？这怎么可

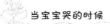

能呢?!"

如果孩子一直黏着我们、一步也不让我们走开,那么为了鼓励他们、给他们勇气,最忌讳的做法就是跟他们发脾气。

如果我们表现出不耐烦、生气、易怒,孩子感受到这种低气压,会误以为我们产生这些情绪并不是因为累,而是因为讨厌他、排斥他,这样一来他的焦虑将会变得更加严重。孩子会觉得我们想要"摆脱他",然后他就会用尽浑身解数来证明事实并非如此。

相反,如果我们对小家伙的抗议表示理解,他就会觉得虽然我们要离开他一会儿,但是我们并不排斥他,我们能理解他支持他,是他的"同伙"。

3. 面对分离,如何让孩子安心

从宝宝一出生开始,每次我们要离开他的时候也都要安抚他、让他感到安心,不管是去买菜、去工作、去睡觉,还是去厨房倒一杯水,都要这么做。

我们心里知道我们 5 分钟后就能回来,但是孩子不知道,他只知道父母离开自己了。

因此,每次出去的时候我们都要跟孩子说,告诉孩子我们什么时候回来,如果离开他的时间比平时要长,可以打电话跟他打招呼。虽然小家伙还不会说话,但是他认得出我们的声音,我们平静而亲切的语气可以给他勇气,他知道自己是安全的,不用感到害怕。

事实上婴儿还没有明确的时间观念,也没有任何经验,因此他无法判断具体发生了什么事情。

我们离开的时候宝宝为什么会哭呢？

这就跟我们送别一位要远行的朋友时会哭是一样的，之所以会哭，是因为我们害怕他不会再回来了。孩子也是一样，他怕我们再也不回来了。

分离焦虑的起源

人种学家认为，分离焦虑的起源可以追溯到远古时代。我们都知道原始民族主要以狩猎为生，妈妈们为了保护孩子不受猛兽的攻击，总是会把孩子背在身上。长此以往，与妈妈保持身体接触就成了儿童存活下来的一个必要条件。现在虽然过去了几千年，但是孩子在潜意识的最深处仍然保持着这种需求，即必须要紧紧地抓住某位亲人不放，才能在这险象环生的世界中生存下来。

孩子每当要脱离某件事物时，就会产生焦虑。这就是为什么我们发现孩子最紧张的时候就是需要切换状态的时候，即需要从一件事转换到另一件事的时候，比如停下正在做的某件事，然后去睡觉，去穿衣服，去换尿布，去吃饭，去准备出门，或者去跟马上要出门上班的爸爸妈妈说再见。

1）每次都要挥挥手说"拜拜"

每次我们要跟孩子分开的时候，都要向孩子传达积极的信息。

我们要让孩子感觉到我们理解他为什么哭，理解他的失望之情，但是同时我们也不能走回头路，走就是走，长痛不如短痛，犹犹豫豫、走走停停往往令人更加痛苦。

第一次我们可以只离开孩子一个小时左右。然后等孩子慢慢地习惯了跟我们的分离之后，再逐渐把时间加长。

2）过渡的仪式

分离同样也会让成年人感到不安，人种学家认为正是由于这个原因，人们总是在面临改变的时候设立节日、开展庆祝活动，比如婚礼，出生，从儿童过渡到成人的时候，从冬天过渡到春天的时候，从旧的一年过渡到新的一年的时候。

"活着就意味着状态和形式的改变，意味着要死，然后重生为某人或某物；意味着等待，重新获得呼吸，然后以不同的方式再次开始新一轮的运作。"《过渡的仪式》（Bollati Boringhieri 出版社，都灵，2002）一书的作者，社会学家阿诺德·范亨讷普（Arnold Van Gennep，）1873—1957 写道，"每当迎来一个新的开始的时候，就是节日，节日是对那漫长等待的慰藉，保护和再现了希腊诗人赫西奥德所描述的希腊神话中那个对未来无忧无虑的黄金时代，使人们确信这样一个时代是存在的。"

节日就是一种仪式，而仪式会让人感到安心。这就是为什么我们需要给孩子确立一些仪式，帮助他们完成过渡。我们可以让孩子在每天的固定时间都重复做相同的一些事情，从而让孩子的一天有着明确的节奏，比如，什么时间吃饭，什么时间可以游戏和自由活动，什么时间进行睡前的仪式，等等。这样长期坚持下去，孩子就会慢慢地形成自己的生物钟，内心平静有序，生活井井有条。尤其是那些特别活跃、精力特别旺盛的孩子，如果他们在玩自己喜欢的东西，我们很难叫得动他们，这样的孩子比其他孩子更需要仪式，在仪式的引导下他们才能按时去做他们该做的事情。

3）告别的仪式

我们刚出家门，就接到孩子的奶奶或保姆打来的电话，她们着急地说："你快回来，孩子哭得停不下来了！"

这时候我们可能要反思一下有没有做到以下两点：首先我们需要逐渐地让孩子习惯跟我们的分离，一开始可能只能离开 15 分钟，随后再慢慢把时间延长；另外，要把孩子托付给他之前就非常熟悉的人。

同时，我们还要想一想我们跟孩子的告别仪式是否恰当。当我们要跟孩子告别的时候，要让孩子明白我们出门并不是要摆脱他、抛弃他，而是日常生活中的一个常规事件，这一点是非常重要的。我们要温柔地抱抱他，告诉他我们去哪里，什么时候回来，以及我们有多舍不得离开他。虽然孩子还不会说话，但是通过我们的皮肤、眼神和姿势，小家伙完全能够理解我们想要传达给他的信息。

我们要直接跟孩子交流，告诉他让他等着我们回来，如果是晚上要出去，就跟孩子保证，第二天早上他一睁开眼，我们马上就会出现在他的身边。

在完成了所有这些安抚孩子的步骤之后，我们要果断地立刻离

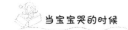

开，不要拖泥带水、走走停停。太过感情用事，把告别的仪式拖得太久，并不能让孩子避免哭泣。相反，这样反而会让孩子感觉到我们的不坚定，而且看到我们犹豫不决，孩子会觉得有希望留住我们，于是使尽浑身解数努力不让我们走。

跟父母分别时孩子的表现能比任何悲情的电视剧都催人泪下。如果发生了这种情况，我们一定要"快刀斩乱麻"。在温柔的亲亲抱抱之后，我们可以对孩子说："你知道我也不想离开你，但是你也知道我必须得走。如果你想去找你的小伙伴们玩，我像你这样哭闹着不让你去，你会喜欢吗？"

然后我们就马上离开，不要再有过多的讨论，也不需要有负罪感，要像抢下孩子拿在手里擦着玩的火柴时那样果断。

4）提前告诉孩子将要有什么变动

虽然孩子还不会说话，但是他们也想要参与到周围所发生的事情中去。我们往往直接把孩子带到这里去带到那里去，给他穿衣服，给他洗澡，却从来不告诉他为什么要这么做。"反正说了他们也听不懂"，我们总是这么想。但是调查表明，孩子听懂话的时间要比他们会说话的时间早好几个月。因此，努力做到以下几点是非常重要的：

• 每次都要告诉孩子我们跟他正在做什么事："现在我们去小花园"，"现在我帮你坐上椅子，然后让你挨着桌子近一点，这样你就能自己吃东西了"。

• 提前告诉孩子我们什么时候有空陪他："现在我在看报纸，

等会儿我还得打个电话，打完电话以后我们就可以一起玩了。"

• 如果要让孩子停止正在做的事，换成其他事去做，必须提前通知孩子："我们再玩三块拼图，然后就去洗澡，洗完澡以后是我们抱抱的时间，然后就睡觉了"；"我们在旋转木马上再坐 3 圈就回家"。

正是这些小的计划和预先通知教会孩子如何在生活中保持方向感，从而让他们有安全感，同时还能帮助孩子更好地掌控发生在身边的事情，让孩子感觉自己参与了这些事，这对孩子来说是非常珍贵的一种体验。

5）睡前的仪式

对孩子来说，从充满了各种声音、颜色、味道和香气的白天过渡到宁静的夜晚并不容易，我们可以养成习惯，借助一些安抚性的睡前仪式陪伴孩子完成这个过程。

我们可以抱着宝宝在家里走一圈，跟即将谢幕休息的世界说再见，和所有的家庭成员说晚安：包括孩子的玩具、家里的猫、金丝雀的笼子、奶奶、爸爸等。

然后我们一起走到窗前，跟月亮、星星、大街上的汽车以及隔壁建筑上的影子都一一说再见。我们还可以给那些影子取个名字，比如魔术师的帽子、贝法娜（意大利传说中儿童节夜晚给孩子们送礼物的老妇）的鼻子、巨人的鞋子等，这些奇幻而温馨的画面会留在宝宝的小脑袋中，陪伴着他度过夜晚的旅程。

虽然宝宝还不能准确地理解我们给他讲述的内容，但是他会感觉到周围事物的节奏都放慢了，他知道我们在跟所有的人和东西说再见，大家要进入一个梦幻的世界，要带着令人安心的回忆入睡了。

关于睡觉，专家们建议家长不要把孩子抱在怀里哄他入睡。因为如果孩子半夜醒了，他会发现眼前的场景发生了变化，之前陪伴着他入睡的那个人不见了，但是又不明白这是怎么回事，因而会感到非常不安。

亲昵的睡前仪式完成后，一定要把孩子放回到他的婴儿床上，让他脱离我们的怀抱自己入睡：这样他夜里万一醒来，发现周围的一切都跟他闭上眼睛前一样，会感到比较安心。

美国著名心理学家布鲁诺·贝特尔海姆（Bruno Bettelheim，1903—1990）建议我们，应该用一个全新的视角来看待孩子睡觉的问题。如果到了睡觉的时间孩子却在哭，这时候我们不要问自己："我要怎么做才能让他睡觉呢？"而是问："我要怎么做才能让他舒服一些，怎么才能对他更耐心、更平静一点呢？"

不是急着让孩子马上睡觉，而是思考一下孩子为什么哭，能做到这一点说明我们已经取得了革命性的进步，这种心态的变化将带领我们走上解决问题的正确道路。

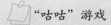

"咕咕"游戏

从出生后的头几个月起，"咕咕"就是小孩最喜欢的游戏。

大人藏在门后或者只是拿一张纸遮住脸，过几秒钟之后突然露出脸来，同时用俏皮的语气说"咕咕"，宝宝这时候就会忍不住大笑起来，然后又等着下一轮的游戏。他们好像永远都不会厌倦，每次玩都像第一次时一样兴致勃勃。

这么简单的一个游戏为什么会备受宝宝青睐呢？专家说因为这个游戏可以帮助孩子释放焦虑的情绪。当孩子看到他所爱的人的脸从自己的视线中消失了，就会一下子非常焦虑，害怕会永远地失去这个人。但是一会儿又重新找到了，于是小家伙痛快地笑了起来，焦虑的情绪也随之驱除掉了。"物体恒久存在"这个概念，即从视线范围内消失的物体仍然还是存在的，对我们来说是不言而喻的，但是孩子要经过无数次试验才能理解。此外，对孩子来说，"咕咕"游戏由妈妈爸爸跟他一起玩是最有趣、最治愈的，因为这让他确定地感觉到他最依赖的这两个人永远都不会抛弃他。

4. 由分离恐惧引起的其他早期恐惧

吱吱嘎嘎的声音，东西掉落的声音，大型动物，昆虫，水，刮风的声音，叫喊声，以及大雨哗哗落地的声音，这些可能都会让孩子感到害怕。孩子小小的世界里充满了各种恐惧、惊吓、意外和谜团，时刻惊扰着他们看似平静的内心。

但是我们成年人有时候也是这样的。担心、疑惑、焦虑、疑惧，

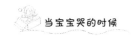

这些情绪白天我们体会不到，因为我们忙于各种事务，但是黑夜降临以后，就会纷纷涌上心头，让我们辗转反侧，无法入睡，而且有时半睡半醒，我们还会担心有人进到房间里来了，听到窗户吱吱嘎嘎的声音就担心会不会是有小偷。

专家们一致认为，感到恐惧是孩子实现均衡发展的过程中必不可少的一个步骤。因此取笑孩子或否定孩子的恐惧没有任何好处，很多父母喜欢说"没什么好害怕的"，我们要记得，孩子害怕的东西可能不是真实存在的，但是他们的恐惧却是真实的。我们也有"非理性"的恐惧。我们要让孩子感觉到我们完全可以理解他的恐惧，但是注意不要采取怜悯的态度，比如口口声声叫孩子"小可怜……"，这会让孩子觉得我们因为他害怕而给予他"奖励"，反而会让他更加焦虑。相反，我们应该向孩子传达信心，让孩子相信自己能克服恐惧。

对陌生人的恐惧

上个星期天，我哥哥和他的家人专程从国外回来看我家的新成员，我的儿子弗朗科。但是，当他们想伸手抱弗朗科的时候，他突然放声大哭。最后只有他妈妈能把他哄好。我不明白这是怎么回事，因为平时弗朗科是个很外向很友善的小孩……

（卡洛，37岁，6个月的弗朗科的爸爸）

实际上，小弗朗科的反应是完全正常的。出生后一年之内，婴儿逐渐能够认得出那些对他来说比较重要的人，小家伙会赋予这些人特权，某些行为只允许这些人对自己做。研究发现，出生后一周，婴儿就已经能认得出妈妈的脸了，而且更想要妈妈来照顾他。

　　"我们在波士顿儿童医院进行的研究表明，出生后 4~6 周，婴儿就能认得出自己的爸爸，而且在妈妈面前的表现跟在别人面前是不一样的……4 个月时，如果周围出现了除爸爸妈妈以外的人，婴儿就会感到不安，他们会尽量避免跟任何陌生人接触。有时甚至家人也会让他们害怕。"贝瑞·T·布列兹顿写道。

　　接近 6 个月大的时候，小家伙会对陌生人笑，但是只有跟陌生人保持安全的距离时他才会这么做。布列兹顿写道："我亲自验证过这件事……当小家伙们进入我的办公室时，如果我离他们有一定的距离，小家伙们就会对我笑，甚至会撒娇，但是只要我一靠近，他们马上就会开始哭。"

　　儿科医生称这种现象为"对陌生人的恐惧"。随着年龄的增长，这种恐惧不仅不会减弱，还会增强，到 7 个月和 8 个月之间的时候达到顶峰。面对陌生人的脸，婴儿会闭起眼睛，用小胳膊遮住脸，把头扭向一边，同时，小家伙会用尽一切办法避免跟这个想要"征服"他的人有任何接触，让对方无比失望。对小家伙来说，亲密接触是父母的特权。

　　这是一项非常重要的成就，这表明宝宝具备了区分父母和不那么重要的人的能力。因此，我们要尊重孩子的这种反应。我们经常看到父母要求孩子说"快跟阿姨说你好！"但是小家伙的回应却是把脸埋在了妈妈的毛衣里。我们没有必要做这种徒劳的努力去激励孩子向亲朋好友敞开怀抱，要顺应孩子发展的规律。

"所有需要孩子马上去适应的东西都会引发孩子的恐惧和焦虑，"马切洛·贝尔纳迪写道，"根据这个规律，我们可以推导出处理孩子恐惧和焦虑问题的'黄金法则'：不要强迫他们，只需要安抚他们，一步一步慢慢地引导孩子靠近那些对他们来说比较困难的情况。"

为了判断孩子面对某个陌生人时具体是什么感受，我们可以观察孩子的眼神停留在哪里。

大卫·刘易斯在他的《儿童的秘密语言》一书中讲到，如果孩子把目光移向了左边或右边，表示小家伙认为自己在跟陌生人的切磋中既没有占上风也没有被打败；如果孩子不再盯着对方看了，或者眼神向下看，则表示他屈服了。

不是单纯的害怕

·恐惧与基因和生理因素有关，也就是说从一出生每个人焦虑的程度就是不一样的。50%患有恐慌症的人，其家庭中至少有一个成员也同样患有恐慌症；85%有夜惊的孩子其父母也有相同的问题。

·恐惧的倾向受到多种激素水平的影响，其中一种是血清素，体内血清素的含量越低，人就更容易感到害怕。某些疾病也有可能让人产生焦虑的表现，如心律失常和内分泌失调。

第九章

当哭变成了笑

有一天，小家伙的脸上突然变得舒展而开朗，幸福的神情从他脸上掠过，点亮了他的整个脸庞。是的，他笑了。那一瞬间，你们所有的劳累，所有的不眠之夜、痛苦和绝望好像都得到了回报。这种幸福在他出生的那一刻你们也感受到过。从某种程度上来说，现在这种幸福的感觉比出生时更加强烈。因为从这一刻起，他就是一个新的宝宝了。他认识你们，他爱你们，你们和他之间建立起了一种默契，一种牢不可破的感情纽带。

（安吉拉，28 岁）

"他对你们微笑，那一瞬间你们仿佛是迎来了他的第二次出生。"英国心理学家彭内洛普·利奇（Penelope Leach）说。

孩子的第一次微笑什么时候会出现呢？直到 20 世纪 60 年代初，

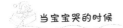

专家们一直认为婴儿是不会微笑的。他们认为，所谓婴儿的微笑，只不过是在无意识地"做鬼脸"，是妈妈们赋予了这些"鬼脸"本来不存在的意义，误以为孩子在微笑。

"婴儿就像是一种以自我为中心的、不合群的小动物，他们完成不了像微笑这么复杂的动作。"1954年米兰出版的《母亲指南》中这样写道。当时的科学家认为，嘴唇的动作只不过是由于漾奶反应引起的，但是父母对孩子的任何反应都满怀热情，他们兴奋地以为孩子真的就是在笑，并不是因为漾奶反应引起的，也不是排出肠道废气时引起的表情变化。

大卫·刘易斯说："这种观点让人难以接受，因为盲聋哑婴儿虽然看不见也听不见父母的声音，但是他们跟身体正常的婴儿一样会笑，笑容也完全一样。"

现在人们认为，婴儿的微笑是一种生来就有的反应，父母的反应和鼓励会促进这种反应的进一步加强和发育。

现实生活中，热情的、表情比较丰富的父母所培养的孩子，的确比来自严肃而保守的家庭的孩子更爱笑，这恰恰证实了我们上面所说的观点。

1. 分析婴儿不同的笑

婴儿从一出生就会笑，但是早期的笑只是简单的嘴角上扬的动作，他们的眼睛里不会流露出任何表情。这样的微笑通常会在他们睡觉的时候出现，专家认为，这可能是由中枢神经系统的自主活动造成的。这种微笑也是满足的表现，比如吃完奶之后婴儿会笑，是因为妈妈的乳汁消除了他的饥饿感，他得到了满足，感到很满意。

但是婴儿的这种笑跟长大后在情绪的激发下产生的笑是完全不一样的。这种笑表达的只是满足感。这也很好理解，想象一下，我们吃饱后或者惬意地瘫坐在沙发上时的感受，这种感受也跟任何情感都没有关系，我们只是因为生活中的一些"小确幸"而感到无比满足。

出生两周后，婴儿看到妈妈或听到妈妈的声音就会笑着回应。这是因为人脸的模样可以引发宝宝的微笑，但是婴儿的视力尚未发育完全，因此只要给他展示画着两只眼睛和一张嘴巴的卡片，他就会笑。这也让很多人认为这种情况之下的微笑其实就是一种条件反射。

婴儿所做出的所有的反应中，微笑是最受大人欢迎的。因此，大人们积极的回应会使这种反应得到最大限度的强化。

到两个月以后，婴儿在笑的时候眼睛里才会闪现出喜悦的神情。这标志着小家伙的笑开始带有了情感的色彩。

为了揭示其中的奥秘，刘易斯花了数年时间专门拍摄婴儿的笑容，最后终于成功地详细描述出了婴儿各种微笑之间的细微差别，并且确定了这一动作是从什么时候开始才真正变得有意义的。

• 早期微笑或"胃式微笑"，指的是婴儿刚出生几天内所发出的微笑，它反映的只是婴儿身体内部的状态，即他是否舒服，这种微笑并不是婴儿对视觉刺激或听觉刺激做出的反应。有些学者认为这种"笑"是婴儿在排出肠道中的气体时引起的面部表情变化，也有的认为这个阶段婴儿就会笑，证明微笑是一种先天反应。这种早期的微笑每隔 5 到 10 分钟就会出现一次。

- 第二种微笑（按照出现的次序）是牛角包式微笑：嘴角上扬，小嘴中间微微张开，此时嘴巴的形状很像一个小牛角包，因此我们称之为"牛角包式微笑"。这种微笑会在孩子跟成年人的互动过程中出现，比如回应对方的问候或对话时。

- 第四个月和第六个月之间，婴儿会给出"标准式微笑"：嘴角上扬，但嘴巴基本保持闭合，上牙（如果有的话）只露出一部分。这是一种打招呼的方式，而且这种方式会沿用一生。除了表示开心，这种微笑还可以表示犹豫、缺乏安全感、尴尬甚至恐惧。

英国著名的伦理学家德斯蒙德·莫里斯（Desmond Morris）解释了这种微笑的起源："人和猴子都会哭，但是微笑却是人类所独有的。现在，世界各地的人们都将微笑视为友好的标志，但是这个表情最初其实是源于轻度恐惧。婴儿最先表现出这种表情时是因为我们胳肢他，这就证实了我们前面所说的理论。因为虽然胳肢是一种开玩笑的行为，但是它本身又会让人感到有一点害怕，害怕玩笑开过头，这时候婴儿脸上就会浮现出这种微笑。"

- 大笑，这是一种阳光的笑，表示非常高兴或玩得很开心：嘴唇向后咧开，把上下牙全都露出来。这是所有笑容中最灿烂的一种。

- 最后还有一种笑，被学者们称为"坏笑"：坏笑的时候，下牙比上牙露出来的更多，整个身体都会展现出攻击的姿态。与其说孩子是在笑，倒不如说他是在咬牙切齿地发狠：他的眼睛瞪得很大，眉毛一动不动，有时下颚还向前伸出。这是一种战斗式的笑，孩子在 1 岁以内是不会有这种表现的，因为必须要有非常丰富的生活经验和人际交往经验，才会激发出孩子的这种坏笑。

眼睛是点亮笑容的核心部位，是眼睛赋予了笑容感情，否则笑容就会变得僵硬、虚伪、冷漠。我们成年人跟自己不怎么感兴趣的人打招呼时也会使用这种"冷笑"，即机械地咧咧嘴露出牙齿，但是眼睛里没有任何表情。

但是孩子很难做到不让眼睛参与，挤出一个假笑。如果我们仔细观察的话会发现，孩子在笑的时候会微微眯起眼睛，好像在表示他们很感兴趣，或者会把眼睛瞪得很大，以表达惊讶和赞叹，同时眉毛会向上扬起，小嘴完全张开，露出所有的牙齿。

婴儿对眼神非常敏感，尤其是妈妈的眼神。"出生还不到一个月的时候，"法国新生儿专家安妮·博迪耶（Anne Baudier）写道，"妈妈脸上如果长时间没有任何表情变化，婴儿就会做出消极的反应。他习惯了看到妈妈总是有丰富的表情，总是在跟他说话，现在他理解不了这种冷漠的新语言是什么意思，很快他就会表现出不安，最后往往会放声大哭。"

2. 当恐惧转变成笑声

卢卡现在 15 个月了，跟他在一起实在是太好玩了。我会抓住他的一只小脚丫，假装到处都找不到了，然后又突然找到了，接着假装把它吃掉。他总是笑得非常开心。这是每次他很烦躁的时候唯一能让他平静下来的方法。

（洛蕾黛娜，21 岁，卢卡的妈妈）

我扶着他让他在我的膝上跳着玩，然后突然假装让他掉下去，同时嘴里发出"砰"的一声，这时候他就大笑起来，笑到停不下来。

（罗伯特，35 岁，13 个月的卡罗的爸爸）

罗伯特假装让宝宝掉落的游戏和洛蕾黛娜假装找不到脚的游戏有什么共同点呢？答案就是这两个游戏都先让孩子产生了一阵恐惧，然后马上又消除了这种恐惧：脚丫被重新找到了，爸爸强劲有力的手臂接住宝宝，没让他掉下去。此时孩子所接收到的信息让他们感到安心，让他们更加勇敢，因为现在他们确信无论发生什么危险，父母都会及时地把他们救起来。宝宝松了一口气，感觉没有什么需要害怕的了，于是放声大笑起来。

喜极而泣

以上的这些情形中孩子虽然笑得很开心，但是哭永远是一个潜藏在笑背后的角色。正如德斯蒙德·莫里斯所说的那样，如果逗孩子笑的时候"用力过猛"，就有可能会吓到孩子。

笑和哭总是紧密地联系在一起的：喜极而泣，太高兴的时候也会流出眼泪。

这种看上去非常矛盾的现象其实是有生理学原理的。人的笑和哭都是由丘脑（人脑中的一个部位）中的动力神经纤维控制的，而且控制哭和控制笑的神经纤维所处的位置非常接近。俄罗斯神经病理学家维奇·别赫捷列夫（V. Bechterev，1857—1927）和他的一位合作者曾做过实验，他们通过刺激丘脑中控制笑的区域，成功激发实验对象产生了泪水。

哭和笑不仅生理学原理相似，引发哭和笑的情绪其实也是非常相似的：一吸一顿的声音，短促的呼吸，拉长的声调。我们上面所讲到的游戏中，孩子的恐惧突然间就变成了笑声，因为他本来会跌落到地上，但是爸爸两条强壮结实的手臂把他接住了。

消除恐惧

孩子就是这样消除了恐惧的心理，他知道自己很安全，刚才的动作只是有惊无险，并不存在真正的威胁。而且看到我们在笑他就更安心了，爸爸妈妈既然不担心，他自己也就更可以放心了。

反过来，当看到孩子笑的时候，其实我们也会感到安心。因为孩子还不会说话，只有看到他笑我们才能知道他是幸福快乐的，这时我们可能会欣慰地想："嗯，看来作为父母我们做得还不错。"

把宝宝逗笑也会带给爸爸很大的成就感，尤其是在出生后的前几个月，妈妈总是在忙着喂宝宝、换尿布、哄宝宝睡觉，似乎一手掌握了孩子所有的事情。当爸爸发现自己能逗笑宝宝的时候，他会觉得非常有成就感，愿意做任何事情来逗他笑。而宝宝呢，他敏感的"触角"感觉到爸爸喜欢自己的笑声，为了吸引爸爸的注意力，与爸爸建立更亲密的关系，也会毫不吝啬地笑起来没完。小家伙这是在用他自己的方式告诉爸爸他喜欢爸爸的陪伴。

教宝宝学会笑

年幼时这些游戏的体验将会铭刻在孩子们的小脑袋中，虽然长大以后他们可能记不起来，但是这些体验仍然会在潜意识里发挥作用。

"这就是为什么我们说时刻对孩子微笑是非常重要的，即使是孩子哭的时候，我们也要保持微笑，这将会影响孩子将来面对生活的态度。"

因此，我们是能"教会"宝宝笑的。一般来说，我们看到宝宝不开心或有问题的时候才会把精力都放在他们身上。但是如果我们能在宝宝心情很好的时候也给予他同样的关注，那么他在成长过程中就没有必要通过哭或故意耍脾气来引起我们的关注。

所以我们要养成习惯，主动关心宝宝的情况，即使宝宝在安静地自己玩耍，我们也要过去看看他，给他一个拥抱，跟他说说话，问问他怎么样，在做什么。其实重要的并不是我们具体说了什么，而是让孩子感觉到我们很爱他，跟他在一起我们很幸福。这种宽松愉悦的家庭氛围和乐观的态度会对孩子产生潜移默化的影响，最终会内化为他的精神财富，陪伴他度过一生。

马里兰大学（巴尔的摩）心理学和神经科学教授罗伯特·普罗文（Robert Provine）相信，笑是"人类的歌声"，它类似于动物的叫声和鸟类的歌声，普罗文研究发现，笑跟打哈欠一样是可以传染的，也就是说"一个人的笑有使另外一个人也开始笑的内在力量"，因此，为了让孩子多笑一笑，普罗文建议我们应该多陪伴孩子，"因为独处的人是不会笑的"，还建议我们跟孩子对话的时候要看着他们的眼睛，营造比较宽松的氛围。

如果我们这样做了，孩子还是一点笑意都没有，普罗文建议我们这时候可以使用一剂"强力药"：胳肢他，给他挠痒。但是一定要谨慎，注意尺度。

3. 为什么笑如此重要

笑究竟能产生哪些效果？科学界从 1976 年开始对这个话题产生了兴趣。当年美国最负盛名的医学杂志《新英格兰医学杂志》报道了记者诺曼·考辛斯（Norman Cousins）的案例，考辛斯于 1964 年被确诊为强直性脊柱炎，这种疾病的治愈率只有五百分之一。

考辛斯决定离开医院阴郁的环境，并与他的主治医生达成了协议，他在酒店里找了一个房间，带着一堆搞笑的书和电影住了进去；在笑声和维生素 C 的帮助下，考辛斯竟然痊愈了。

第一个从科学的角度来解释考辛斯"喜剧式"痊愈的是威廉·弗莱（William Fry），精神病专家、斯坦福大学的荣誉教授。他发现，笑对身体所产生的积极作用相当于长期坚持慢跑的效果。笑可以增加肺部的氧气供应，增强心肺耐力，放松肌肉，按摩内脏，改善血液循环，提高睡眠质量，让人睡得更安心、更放松。

弗莱的研究结果表明，笑 1 分钟，相当于在划船器上运动 10 分钟或进行 45 分钟放松理疗的效果。

还有其他研究表明，笑不仅能增加呼吸道黏膜中的免疫球蛋白A，预防支气管炎，增强免疫力，还可以提高内啡肽水平，减小压力，帮助人们对抗抑郁。

"笑一笑，十年少"

因此，"笑一笑，十年少"这句古老的谚语是有科学依据的。美国著名理疗师安妮特·古德哈特（Annette Goodheart）表示："4岁的儿童每天可以笑 500 次，而成年人每天最多也就笑 15 次。如果我们能像孩子一样爱笑，那我们的心脏也能拥有像他们一样有活力"。

苏黎世生理学家鲁道夫·休博斯彻（Rudolph Hupscher）说："笑不仅对心脏有益，还有助于儿童的成长。因为笑可以刺激垂体分泌更多的生长激素。"

每个孩子的笑点都不一样：某件事可能让这个孩子捧腹大笑，但同样的事情他弟弟可能一定反应都没有，对他来说一点都不好笑。因此，根据孩子的特点即兴创作，可能是逗笑孩子的最好方法。

下面就是一些最受婴儿欢迎的游戏：

• 吹肥皂泡。在装满水的杯子里滴一滴洗涤剂，用吸管蘸一点（当心不要吸到嘴里去），然后轻轻地吹出肥皂泡。孩子们非常喜欢看自己的房间里飞满肥皂泡的场景。泡泡炸裂时会发出"啪"的声音，是小家伙们觉得最好玩的事情了。

• 打呼噜的爸爸。爸爸（或者哥哥姐姐）躺在床上或地板上假装在打着呼噜睡觉。如果宝宝已经会爬了，他每次爬过去用小手指碰爸爸的时候，爸爸就假装吓得跳了起来，这时候小家伙就会捧腹大笑。

• 镜子呀镜子。孩子总是对镜子非常着迷。我们可以和孩子一起坐在镜子前，开始我们的表演：我们可以对着镜子做鬼脸，把搞笑的帽子或瓶瓶罐罐戴在头上，然后跟孩子互相交换道具，一起在镜子面前耍杂技扮怪相，变着花样逗笑孩子。

• 拖小猫。把宝宝放到大床上，让他爬到远处去，然后我们轻轻地抓住他的小腿，把逃走的"小猫"拖拽回来。小家伙会固执地试一次，再试一次，每一次我们都把他拖回原点，他会一次比一次笑得开心。

• 吹气。首先用舌头舔一舔嘴唇，然后轻轻地对着宝宝裸露的皮肤吹气：胸部、腹部、胳膊、脸……轻柔的瘙痒感和我们吹气时发出的声音会让孩子忍不住笑起来。

第十章

从肢体语言到说话

华盛顿大学的研究员乌苏拉·希尔德布兰特（Ursula Hildebrandt）曾进行过一项实验，实验结果表明，比起视觉语言，婴儿更喜欢象征性语言。

　　实验过程中，希尔德布兰特选取了 34 名 6 个月的婴儿，在他们面前摆放了两个大屏幕：第一个大屏幕上，有一个女演员在用聋哑人通用的手语讲故事；第二个大屏幕上播放的则是同一个女演员在用演哑剧的方式讲述同一个故事。婴儿们的反应被录了下来，根据录像，研究人员仔细研究了他们目光主要聚集在哪里。

　　让人吃惊的是，孩子们都明显更喜欢第一个屏幕上的画面，即用手势讲故事的方式。

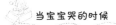

1. 用肢体动作进行对话

我们用成百上千种肢体动作可以组成对话，虽然没有声音，但却极具表现力。比如说伸出手去拿东西这个动作。一开始这只是一个简单的功能性动作，即拿东西，但是随着经验的累积，这个动作会越来越复杂化，因为它所能代表的意义越来越多，它既可以是礼貌地请别人递给自己某个东西，也可以是从别的小朋友手里抢夺某个东西的进攻性动作，可以对应我们的很多动词，比如："拿"或"给"，"扔"或"取"，"拿着"或"握紧"，"提起"或"扔出"，"投掷"或"挤压"。单词组合在一起形成句子，构成对话，手势、表情、动作、位置、态度组合在一起也同样可以传达富有表现力的复杂信息。但是采用语言交流的时候，不说话了，交流也就中断了，而这种采用非语言的方式进行的交流是一直在进行的，永远都不会间断。比如婴儿一动不动的时候，甚至是睡觉的时候，他的身体也在源源不断地向我们传递信息。

随着孩子的长大，他们的肢体语言也越来越丰富，他们的肢体"词汇"中又加入了声调、抑扬顿挫的转调和更多的含义。如果我们仔细倾听某位妈妈和她的小宝宝之间的"对话"，我们会发现，他们一直在不停地交流，建立起了一种默契，因为他们说着一种只有他们两个能听懂的语言，他们用这种语言夸赞对方，表达惊讶，提出问题，表达失望……

如果我们注意观察他们对话的节奏，会发现小宝宝偶尔会暂时中断"对话"，隔上几秒钟之后再重新开始。他这样做是因为外界传递给他的刺激太多了，他要消化一下，调整一下信息输入的速度。

美国精神分析家丹尼尔·斯特恩认为："妈妈给宝宝的刺激不同，宝宝的注意力和兴奋程度也会随之增强或减弱。兴奋程度有一个限度，在这个限度以内，孩子接收信息的能力会很强，但是如果超过这个限度，孩子就接收不到甚至拒绝接收信息。一般来说，母亲和孩子会根据对方的需要调整交流的节奏，就像两个人跳舞的时候要根据对方的动作调整自己的动作一样。"

这便是漫长旅程的起点，从此以后，孩子将一步步靠近语言世界的大门，学会说话。

肢体语言

我们在试图理解孩子的意思时，不要只注意到最醒目的信号。如果跟孩子交流时只看表面现象或者总是带着先入之见，我们很可能会忽略非常关键的信息。我们要留意孩子的行为、肢体动作和态度，比如孩子拿某件东西时的姿态，拒绝、扔掉或咬某件东西的方式；眉毛、眼睛和嘴巴的动作；被某个东西吓到时他如何躲避，或者被一幅新奇的画或一个新鲜的玩意儿迷住时是什么表现。

·把头歪向一边：这个动作明显是引诱人的意思。通过这个动作，孩子是在向他面前的人示好。做出这个动作的同时，小家伙往往还会一边笑，一边抛个媚眼；有时候他整个身体都扭向一边，有时候则向前倾斜。孩子不仅会自己主动使用这个动作，当有大人或其他小孩对他做出这个动作时，他也做出同样的回应。通过这种直白的方式，小家伙在撒娇说"求你了"。

·低头：低着头、下巴抵住脖子的动作，表示威胁或失望。如果做出这个动作的同时，眼神坚定，胳膊弯曲，攥紧拳头，身体前倾，那就是表示愤怒。如果下巴抵住脖子，眼睛也往下看，则也有可能是表示不满。

·头后仰：这是放松的标志，表示孩子玩得很开心，而且很放松、很安心。

我的女儿米凯拉是个大懒虫：她不想学说话。她已经两岁多一点了，但是会说的词还很少。我记得之前发生过一件非常有意思的事。

我和她经常去我们家旁边的果蔬店买水果，因为她漂亮可爱，老板每次都会送她一点蔬菜或一个水果。有一天，店里刚来了很多橘子，这可是米凯拉最喜欢的水果。她走到老板的身边，一只小手拉着他的围裙，另一只小手指着橘子。老板假装不明白她想要什么，因为他想让米凯拉说出水果的名字。但米凯拉完全不想说，怎么办呢，这时候她竟然突然即兴表演了一段"哑剧"：她假装手里有个橘子，先做出给橘子剥皮的动作，然后一不小心把橘子皮弄碎了，一股汁液喷到了眼睛里。老板看到她的表演忍不住笑了起来，她解释得太明白了——她想要橘子，所以老板为了奖励她，给她每只手里都塞了一个橘子。

水果店的老板奖励了米凯拉的"懒惰",他做得对吗?米凯拉的脑子里有橘子的"概念"吗?从她的表现来看,很显然小姑娘非常聪明,可是为什么她会说的词语这么少呢?父母要怎么做才能帮助孩子顺利地完成从只会肢体语言到会说话的过渡呢?

这些正是学者们为了揭开语言习得之谜而提出的问题。语言的习得是一个极其复杂的过程,尽管研究人员提出了各种假设和理论,但是直到今天我们也没有完全弄清楚这个问题。

2. 最早的听觉体验

那么,孩子从不会说话到会说话要经过哪些阶段呢?超声波检测显示,婴儿还没来到这个世界上以前就能听到我们说话的声音。妈妈怀孕第六个月,婴儿的听觉系统已经很强大了,隔着子宫,他们也可以捕捉到外面的各种声音,而且表现出了很明确的偏好。

声音越刺耳,婴儿的反应就越强烈,他们的心脏会加速;如果突然传来了一阵噪声,他们会吓一跳,会突然把四肢伸展开或蜷缩起来,把头转向与噪声传来的方向相反的一边。相反,如果听到舒缓而平静的声音或旋律,他们的心跳就会减速。

法国研究员玛丽-克莱尔·比内尔(Marie-Claire Busnel)曾以600名孕妇为样本做过一个实验,结果表明,当卡车经过时,噪声大概是100分贝,这时候胎儿的胳膊和腿会动。当听到妈妈说话的声音时(噪声大约50分贝),胎儿的心跳会放慢,仿佛感到很安心,

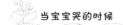

但是如果听到的是一个陌生人的声音，胎儿的心跳就会加速，这很有可能是由于陌生的声音让他们有点害怕。

跟宝宝对话

婴儿并不是消极的听众。仔细观察一些婴儿和成人互动的影片的慢镜头回放，我们会发现，婴儿虽然听不懂大人说的话，但是随着大人声调的上升或下降，他们的眼神也会有相应的细微变化，而且变化的步调跟大人声调转换的步调完全同步。

无数妈妈的亲身经验和新生儿学家所进行的研究一致表明，虽然婴儿到 4 个月左右才会试图开始牙牙学语，即控制和调整自己所发出的声音与音量，但是从刚出生开始，他们就已经在跟父母进行微妙的"对话"了，父母应该鼓励宝宝对我们的话语做出的反应。

其实对我们来说这也不是什么艰巨的任务，我们只需要每天腾出一段时间专门跟宝宝聊天就够了。用不了多久我们就会发现，一开始我们还是自说自话，没过多久就完全变成我们和宝宝对话了。

为了使我们和宝宝交流的效率更高，专家给出了两点建议：

• 让宝宝坐在小椅子上，我们的视线和宝宝齐平，脸和宝宝眼睛的距离保持在 20~30 厘米。

• 聊天的时候尽量让宝宝能够看到我们的上半身和手臂，因为肢体的动作会强化语言的表现力，给宝宝留下更深的印象。

3. 家长如何助力宝宝从牙牙学语到说话

学会说话的第一步就是掌握发音的必要技巧，即学会调整口腔发出特定的声音，同时控制声音的音量；婴儿要到 4 个月左右才能获得这种能力，因为这时候口腔形态发生了变化，可以更好地对声音进行加工处理了。

这个时期之前，婴儿所发出的声音都是单纯的喊叫声，像歌手练声时所发出的"ahhh"（啊——）或"ngggg"（鞥——），但是到了 4 个月左右，婴儿开始结结巴巴地学说话了，用专业的语言学术语来说就是牙牙学语（英语为"babbling"），这个时期孩子所发出的音一般是单音节的词，由一个辅音和一个元音构成，比如 da-da，ba-ba，po-po…

牙牙学语期是一个过渡阶段，在这个阶段孩子会掌握必要的单个音节的发音，为之后拼成单词做好准备。随着时间推移，孩子所积累的音越来越丰富，发音也越来越清晰。如果仔细听婴儿练习发声的过程，有时候我们会发现他们还会给这些重复的音节加上语调，让人觉得他好像是在说一些有逻辑性的连贯话语，但其实都是些咿咿呀呀的内容，让人完全不知所云！

在这个阶段，牙牙学语的目的并不是传达信息。因为这个年龄的婴儿仍然把哭作为主要手段来获取自己想要的东西。他们的牙牙学语，其实更多的是对大人说话时的语调特征的模仿。

因此，为了促进这个阶段的学习，我们跟孩子说话的时候感情要饱满，表达出各种情绪：热情、惊讶、害怕、温柔，等等。

　　"跟小婴儿说话的时候，"杰出的儿童语言发展研究专家珍·贝尔科·格莱森（Jean Berko Gleason）说，"我们会不由自主地采用一种非常特别的、专门针对婴儿的发音方式。有些父母刻意避免使用幼稚的语言跟孩子说话，他们会把孩子当成是缩小版的成人来对待，但是即便是这样，跟孩子说话的时候他们的发音也会本能地变得不太一样，会更清晰、更明确。"

"妈妈"的概念

　　从牙牙学语到会说话的过程是怎么完成的呢？我们所说的话是由一个个词语构成的，词语是一种可以表达某个概念的声音，就是说，听到这个词，我们会在脑子里找到一个关于它的画面，这个画面对应着某种比较明确的含义。如果对听者来说一个声音没有任何与之对应的含义，那么它就不是一个词语，或者说听者还没有掌握这个词语。比如，当听到"mum"（英语中的"妈妈"）这个声音的时候，来自纽约的婴儿马上就会想到自己的妈妈，而来自意大利那不勒斯的宝宝在自己的小脑袋里却搜索不到任何跟这个声音相关的画面，那么对他来说"mum"就是一个没有意义的声音。然而，妈妈这个概念在两个小家伙头脑中的形象是差不多的：mum 或mamma（意大利语中的"妈妈"）就是那个给他们喂奶，当他们哭的时候安慰他们、拥抱他们，给他们唱摇篮曲的人。

咿呀学语还是叽喳乱叫

　　研究人员通过科学严谨的调查发现，婴儿结结巴巴学说话的时候所发出的咿咿呀呀的声音是有意义的。

　　借助先进的仪器，意大利裔美国研究员劳拉－安·佩蒂托（Laura-Ann Petitto）发现儿童牙牙学语时所使用的是口腔的右侧，这是受大脑中调控语言的区域控制的，而当乱喊乱叫发出一些没有意义的声音时，他们只是张开嘴巴，并没有着重使用左半边或右半边。

　　但是怎么判断孩子什么时候是真正地牙牙学语，什么时候只是在乱叫个不停呢？牙牙学语时，孩子发出的声音都是由一个辅音和一个元音构成的音节，而且会重复好多次，比如 da-da-da-da 或 ba-ba-ba-ba；而练声式的叫嚷都是拖长的单个的音，比如 ahhhh，ngggg。

积极参与

　　婴儿还不认识"妈妈"这个词的时候，"妈妈"的概念就已经在他的心目中形成了。那么后来这个发音和这个概念是怎么联系在一起的呢？关于这个问题，研究人员还提出了各种各样的理论，但至今尚未达成共识。

　　但是如果从比较笼统的角度来看的话，美国的婴儿可以把 mum 的发音和妈妈的概念联系起来，而意大利的婴儿把 mamma 的发音

和妈妈的概念联系起来，这主要是因为在婴儿牙牙学语的过程中，每当他们碰巧发出 mum 或 mamma 的音时，都会收到来自他们各自的妈妈的热烈欢迎。因此，是我们赋予了这些发音含义。

事实确实是这样，当婴儿刚开始学话时嘴里会不断地进出零星的词语，我们如果能及时地帮他们确认这些词，给予他们最大限度的肯定，那么孩子从牙牙学语到学会说话的速度会更快。

这就是为什么我们说家长的积极参与是很重要的，每当孩子"说话"的时候，我们都要回答他，就像我们完全能听懂他想要告诉我们的内容一样。根据所要表达的情感的不同，改变我们说话时的声调，教给我们的孩子如何用不同的声调表达自己的情感：感叹、果断的肯定、疑问或是满怀激情的陈述。

语言学习的阶段

·从出生时发出第一声啼哭开始，孩子就在不断地"说话"：他会咯咯地笑，会大声呼喊，会使劲吹气，会制造各种各样的动静。婴儿所发出的声音反映了他的健康状况，同时，这些发声练习对语言的学习也是非常有帮助的，因为他通过这种方式学会了如何控制嘴巴进行一系列的动作，之后在这个基础上才能说出有具体意义的词语。

·从第 4 个月开始，婴儿不再像前几个月一样胡乱喊叫了，现在他开始结结巴巴地学说话，发出越来越多有意义的音节。他的语言能力也提高了，能发出所有的元音（a,e,i,o,u）

和个别的音节，其中最重要的当然是：ma-ma 或 mo-mi（妈妈）……

·5~6 个月时，婴儿进入了所谓的"牙牙学语"阶段：这个时期婴儿口腔的形态发生了一些变化，使他们可以更好地调整发音的口型和音量。

小家伙还会给这些咿咿呀呀的内容加上语调，让人觉得他好像是在说一些有意义的连贯话语。

·到了第 10 个月，宝宝开始会使用双音节的词来指称事物。

·第 11 个月，宝宝喜欢使用一种别人听不懂的语言喃喃自语，会模仿大人的发音、转调和说话时的节奏，会用4~5 个单词。

·刚满一周岁时，孩子的词汇量平均也不超过 4~5 个，但是他已经会造句了，可以用两个词说一个句子，如"妈妈吃吃"。

·1~2 岁之间，孩子会说的词会增加到 50 个左右。但是要学会使用介词、冠词和动词"essere"不同人称的变位（意大利语中"essere"意思是"是"，根据主语的不同要发生相应的变化，"我"对应 sono，"你"对应 sei，"他 / 她"对应 è），还需要至少一年的时间。

一次只教一个词

教孩子学任何词语都跟教他们学"妈妈"这个词的过程一样，第一个步骤就是帮助孩子在头脑中创建关于这个对象的概念。

比如，为了帮孩子构建"狗"的概念，当婴儿看到一个长着4条腿的毛茸茸的东西时，爸爸告诉他说："看！有一只狗！"婴儿当时可能听不懂，但迟早有一天他会明白在爸爸说的这个句子中，"狗"是关键词，而"看""有一只"跟狗的概念没有关系，只是为了让表述更加完整，但是关于孩子最后是怎么明白的，这个分析机制我们目前还不清楚。

因此，专家建议我们一开始跟婴儿对话时，要选择1~2个单个的词，把对应的东西展示给孩子看，抓住孩子的眼球，清晰地重读这个词，然后不断地进行重复。这种有明确目的的训练要比不加筛选地抛给孩子一整句话有效得多。

华盛顿大学的迈克尔·R. 布伦特博士（Michael R. Brent）所进行的一项研究证明了这种方法的有效性，他分析了很多位妈妈教她们的孩子说话的几百条录音，然后对比了小家伙们的单词学习情况。

他发现，比起穿插在句子中的词，孩子们更容易记住单个的词，如果在教孩子这个词的同时还给他展示了这个词所对应的物品，则记忆效果更好。更让人惊讶的是，学者们还能预测，单个的词平均需要重复多少次能让孩子记住，但是如果把单词放到句子中，这个次数就无法预测了。

布伦特总结说："如果不能把单个的词语拎出来有针对性地教给孩子，那孩子记住这个词的可能性是比较小的。"

参考书目

A. Baudier, B. Celeste *Le développement affectif et social du jeune enfant*, Nathan, Parigi, 1990.

M. Bernardi *Il nuovo bambino*, Fabbri, Milano, 1980.

J. Bowlby *The Nature of the Child's Tie to his Mother*, in 'International Journal of Psychoanalysis', 39, 350–373, 1958.

J. Bowlby *Una base sicura*, Raffaello Cortina, Milano, 1989.

B.T. Brazelton *Quando torni?*, Frassinelli, Milano, 1992.

N. Chomsky *Aspects of the Theory of Syntax*, MIT Press, Cambridge, Massachusetts, 1965.

R.A. Gardner, B. Gardner *Teaching Sign Language to a Chimpanzee*, in 'Science', 165, 664–672, 1969.

C.L. Jewett *Helping Children Cope with Separation and Loss*, Harward Common Press, Boston, Massachussetts, 1982.

N. Laniado *Come rendere felice un bambino nel primo anno di vita*, Red Edizioni, Milano, 2004.

N. Laniado, *Come stimolare giorno per giorno l'intelligenza dei vostri bambini*, Red Edizioni, Milano, 2003.

D. Lewis *Il linguaggio segreto del bambino*, Società Editrice Internazionale, Torino, 1993.

D. Mainardi *Del cane, del gatto e di altri animali*, Mondadori, Milano, 1990.

J.-C. Martinez Allô, parents?, in M.-C. Busnel (a cura di) *Le langage des bébé s savons-nous l'entendre?*, Jacques Grancher Éditeur, Parigi, 1993.

D. Morris *Il bambino*, Mondadori, Milano, 1995.

J. Nadel et al. *Les comportements sociaux imitatifs*, in 'Recherches de psychologie sociale', 5, 15-29, 1983.

A.J. Solter *Tears and Tantrums*, Shining Star Press, Goleta, CA, 1998.

D. Stern *Il mondo interpersonale del bambino*, Bollati Boringhieri, Torino, 1987.

R. Zazzo Le *problème de l'imitation chez le nouveau-né*, in 'Enfance', 10, 135-142, 1957.

后记：爱的力量

几年前，动物行为学家达尼洛·马伊纳尔迪曾用一群小猫做过一个有趣的实验。

小猫为了吃到肉泥猫粮，必须要克服不断闪烁的灯光去按动一个杠杆。

小猫被分成三组：第一组小猫必须自己探索如何解决问题，它们要不断犯错、不断尝试；第二组小猫有猫妈妈做老师，而且猫妈妈在实验前已经知道如何成功按动杠杆了；第三组的小猫有一只成年的猫作为老师，但不是它们的妈妈，这只猫也知道按动杠杆的技巧。

实验结果是，第一组的小猫最后没能找到操纵杠杆的方法。第二组和第三组的小猫成功吃到了猫粮。

但是，由猫妈妈带领的小猫只用了 4 天就学会了如何操纵杠杆，由陌生的成年猫带领的小猫却用了 18 天才学会，而且是在这只成年猫对小猫表现出关爱的情感以后才成功学会的。

情感关系对学习过程起着非常重要的作用，从这个实验中我们可以窥见一斑。

　　我衷心希望每个孩子早年啼哭时都曾被温柔的爱意所抚慰，也衷心祝愿这份爱所带给他们的安全感能伴随他们的整个成长过程。